Coverbild:
Das Symptom der Gravitation ist das sich beschleunigende
Fallen der Newton'schen Trägheitsgeraden.

Was ist Physik?

Erstaunlicherweise gibt es für sie keine Definition!
Warum nicht?
Weil es nicht geht.
Warum geht es nicht?
Weil sie seit Einstein so tiefgreifend mit Mathematik vermischt ist, daß sie sich nicht mehr separat definieren läßt, obwohl sie eine eigenständige, zur Mathematik wesensfremde und unabhängige Wissenschaft ist.

Richard Feynman, Nobelpreis 1956, sagte das in "Vom Wesen physikalischer Gesetze" auch schon voraus:
"Deshalb hänge ich irgendwie an der Hypothese, daß die Physik letztendlich der Mathematik nicht bedarf, daß zu guter Letzt die Maschinerie ans Licht kommen wird und die Gesetze sich als so einfach erweisen wie die Regeln des vordergründig scheinbar komplexen Schachspiels."

Auf dem Weg zur Findung Feynmans "Maschinerie" geht es hier ein Stück weit voran: ohne jegliche Formeln, nur durch nachprüfbares Denken.

Jan Peter Apel

Die wahre Physik

2016

Erstausgabe 2010:
Die neue Physik
Wie Physik endlich zu Wissenschaft wird
ISBN 978-3-0003-0582-5

Die wahre Physik
Autor Jan Peter Apel
Herausgeberin:
Roswitha Apel,
36269 Philippsthal/Werra
Germany 2016
Herstellung und Verlag:
BOD-Books on Demand, Norderstedt

ISBN 978-3-7412-2813-1

"Ein Physiker sucht Formeln": Tut er das?

Nein.

Ein wahrer Physiker sucht Antworten auf Fragen, wie Naturphänomene funktionieren. Er sucht keine Rechenergebnisse, die nur die Symptome der Natur beschreiben können, sondern das, was zu diesen Symptomen führt, und das ist rein verbal.

Die Natur besteht nicht aus geistigen "Begriffen" wie z. B. Energie und Impuls und Felder, die sowieso nur Ausdruck für Unbekanntes sind, sondern aus konkreten Dingen, die miteinander wechselwirken. Und das nach physikalischen Prinzipien, die sich an bisher unbeachtete physikalische Regeln halten, die die Mathematik gar nicht begreifen kann.

Richard Feynman sagte in "Vom Wesen physikalischer Gesetze" auch schon voraus:

"So wundere ich mich immer wieder, wie es möglich ist, etwas mit Hilfe der Mathematik voraus zu sagen, die sich doch an Regeln hält, die mit dem, was in dem berechneten Ding vor sich geht, wirklich nichts zu tun haben. Die Vorgänge in der Natur sind zweifelsohne ganz anderer Art".

Diese andere "Art" ist Physik.

Die Wechselwirkungen von Objekten der Natur zu ergründen und in verbalen Theorien von Ursache nach Wirkung mittels eines Funktionsprinzips als Wahrheiten der Natur verständlich, nachvollziehbar und allgemeingültig darzustellen, ist die Definition für Physik.

Inhalt

Vorschau

Die Physik hat sich inzwischen so weit vom Alltäglichen entfernt, daß kaum ein Normalbürger mehr folgen kann. Ursache dafür ist, daß die Natur nur mathematisch beschrieben wird und verständliche Darstellungen daraus nur rückwärts ohne Gewähr auf Wahrheit als physikalisch nicht nachvollziehbare Interpretationen erstellt werden.
Richtig funktioniert Naturerforschung nur vorwärts: erst die Funktionismen von Naturphänomenen ergründen und erst damit Berechnungsmöglichkeiten schaffen. **Erst** muß man wissen, **was** man berechnet und nicht umgekehrt, aus Berechenbarem das Unbekannte ihres Entstehens zu entschlüsseln. Diese Vorgehensweise führte zum heutigen Stillstand der Findungen von Wahrheiten der Natur, es gibt nur noch Spekulationen.

Die vier größten Ungereimtheiten in der Physik sind:

Als Erstes benötigt sie viele Ausnahmen, um zumindest konsistent zu *erscheinen*. Das führte inzwischen dazu, daß sogar, wie noch folgt, Meßergebnisse umgedeutet werden. Aber:

Meßgeräte lügen nie!

Meßgeräte wissen nämlich gar nicht, wo sie messen.
Einstein erklärte z. B. die Entstehung unseres Gewichts damit, wie im freien Raum ein Mensch ein Gewicht erhält: durch eine stetige Beschleunigung. In seinem Beispiel in einer permanent beschleunigten Fahrstuhlkabine.
Er postulierte damit, daß Schwere eine normale Newtonsche Kraft ist. Ein Beschleunigungsmesser in Einsteins Kabine wird eine Beschleunigung in Richtung vom Fuß zum Kopf anzeigen, also von unten nach oben.
Wie ist es auf der Erde?
Man nehme einen Beschleunigungsmesser, richte ihn in die Vertikale aus und messe. Was zeigt er an? Eine Beschleunigung von **unten nach oben**! Daß das tatsäch-

lich auch so ist, obwohl alle Körper gravitativ nach unten beschleunigt werden, wird noch dargestellt.

Was Einstein in diesem Fall feststellte, ist eine nachmeßbare **Wahrheit** der Natur. Glauben tut man sie trotzdem nicht. Dafür glaubt man ihm vieles andere, das keine Wahrheiten sind, sondern nur Rechenkünste.

Wer Rechenkünste über Wahrheiten stellt, ist hier falsch.

Die von Einstein gefundene Wahrheit der Gewichtsentstehung wurde "umgedreht", damit die Unwahrheit einer Anziehungskraft erhalten bleibt, da man sich an diese seit Newton (der sie selbst schon ausschloß!) gewöhnt hat und sie ja auch richtige Rechenergebnisse hervorbringt. Das tun erstaunlicherweise andere Gravitationstheorien aber auch, was nebenbei gesagt die Basis der theoretischen Physik stellt. Die Wahrheit einer Beschleunigung von unten nach oben steht aber darüber! Die Scheinlösung der theoretischen Physik für das Fallen lautet: Gravitationskraft sei halt eine "nichtnewtonsche" Kraft. Das kann die Erklärung der tatsächlichen Newton'schen Beschleunigung von unten nach oben aber nicht annulieren, denn: Das Beschleunigungsmeßgerät kann nur Newton'sche Beschleunigungen messen und Ausnahmen wie "nichtnewton'sche" Kräfte bietet die Natur gar nicht an. Außerdem:

Mit Ausnahmen läßt sich alles erklären!

Und das kann jeder Dumme. Oder, macht man es, führt es zur Verdummung, selbst Selbstverdummung.

Das Zweite ist, daß das Große nicht mit dem Kleinsten zusammen paßt: Es muß aber zusammenpassen! Das ist ein Obergesetz der Natur. Es ist aber so trivial, daß es von der hohen Mathematik der theoretischen Physik einfach verdrängt wird. Es gilt aber unerschütterlich und **dinglich**:

Großes ist die Summe vielem Kleinen.

Der geistige Hosenboden der theoretischen Physik sind ausschließlich Postulationen aus der Vergangenheit, auf die nur noch kumulativ aufgebaut wird, ohne bei Problemen irgend etwas davon mal neu zu hinterfragen.
Daß das heutige mathematische Große nicht zum dinglichen Kleinen paßt, ist ein **Beweis** dafür, daß in der Vergangenheit Fehler gemacht wurden.

Das dritte große Problem liegt darin, daß Einstein keinen absoluten Nullpunkt fand, was die Natur in Einzelgeschehnisse zersplitterte mit nur zweiseitigen Beziehungen. Was bewegt sich, was nicht, ist nicht mehr bestimmbar. Allein die Vernunft gebärt dafür schon Bauchgrummeln.

Die Mathematik fühlt sich in solch einer zersplitterten und sie nicht einengenden "Natur" aber sehr wohl. Sie funktioniert ja auch in allen Koordinatensystemen, in absoluten wie relativen, d. h. falschen. Sie kann für alle Sichten geistige Abbilder schaffen, was so weit geht, daß sie bald gar keine reale Natur mehr benötigt. "Die Rechnungen stimmen" ist ihre Legitimation, obwohl diese nur die Symptome von Naturphänomenen beschreiben können. Unpassende Meßergebnisse werden ignoriert und sogar weg gelogen (Hafele-Kaeting-Experiment) und scheinbar Fehlendes wird einfach hinzu erfunden wie dunkle Materie und Energie. Beides entsteht dadurch, daß ein absolutes Koordinatensystem fehlt, das die Natur aber hat. Die Natur weiß z. B., wie noch dargestellt wird, sehr wohl, ob und wie schnell sich ein Objekt in ihr **absolut** bewegt.

Das Vierte und Übelste ist, daß die Physik immer noch nicht in der Lage ist, richtig und falsch feststellen zu können. Deswegen ist der Gebrauch dieser Attribute in physikalischen Publikationen auch verboten. Darf so etwas sein? Nein!

Warum nicht?

Weil Physik dann keine Wissenschaft ist. Aufgabe einer Wissenschaft ist ja gerade, Wahrheiten zu finden und mit diesen richtig von falsch zu trennen. Das Verbot der Verwendung von "richtig" und "falsch" ist nichts anderes als eine Disqualifikation der bestehenden Physik als Wissenschaft.

Warum hat die bestehende Physik keine Wahrheiten gefunden? Weil sie von der Mathematik fehlgeleitet wurde, die gar keine "Antenne" für Wahrheiten hat.

Die moderne mathematische Physik hat Berechnungswege gefunden, die Natur zu *beschreiben*. Das ist aber nicht erklären! Für alles, was lokalisier-, meß- und reproduzierbar ist, finden sich Berechnungsmöglichkeiten. Gesucht ist aber, wie all das nach physikalischen Regeln funktioniert, nach welchem Prinzip von welcher Ursache nach welcher Wirkung: nur das ist **Wissen**.

Wahrheiten über die Natur können grundsätzlich nicht über mathematische Formulierungen gefunden werden. Das geht genau so wenig, wie nicht von der Software auf die Hardware eines Komputers geschlossen werden kann.

**Wahrheiten finden sich nur
durch Denken <u>mit und in</u> der Natur.**

Das geschieht hier ohne Rücksicht auf bestehende Theorien, egal wie alt oder von wem.

Selbstverständlich werden alle, Wissenschaftler bis Grundschullehrer, Unsinn zu diesem Buch sagen, obwohl falsche alte Theorien nachvollziehbar widerlegt werden, so daß wieder Wahrheiten in die Physik einfließen und Ausnahmen verschwinden. Aber, es ist uralte Tradition, daß Hinterfrager von Altem "gesteinigt" oder zumindest als Nestbeschmutzer behandelt werden. Wie sagte schon einmal jemand: *"Die Wissenschaft hat ihr Äußerstes getan, um zu verhindern, was sie je erreicht hat"*. Und das tut sie heute mehr denn je, sogar mit sehr viel Geld. Bisheriges in Zweifel zu ziehen, obwohl es nicht einmal als wahr bezeichnet werden darf, wird einfach verboten.

Auch nach Karl Popper ist Physik revolutionär und nicht kumulativ: Neues ersetzt falsches Altes. Der Weg zu richtigem Neuen kann aber nur über die Vernichtung von falschem Alten gehen.

Selbstverständlich kann richtiges Neues nicht mit falschem Alten verstanden werden. Eine vernunftbehaftete Bewertung des hier Geschriebenen kann nur mit **Neu**-Denken entstehen und nicht unter Beibehaltung der heutigen mittels vieler Ausnahmen gebackenen Lehraussagen.

Im Folgenden wird, so weit erkannt, ein konsistentes Weltbild **ohne Ausnahmen** vorgestellt, in dem alles **von ganz allein** zusammenpaßt. Das ist der nach den noch aufgeführten Regeln der Physik höchst mögliche Beweis für Richtigkeiten.

Die Natur funktioniert nach ihren Regeln, und die sind nicht mathematischer Art.

Die heutige theoretische Physik kümmert sich um keine einzige Regel der Natur! Ihre Legitimation ist ausschließlich die, daß "die Rechnungen" stimmen. "Die Rechnungen" stimmen aber auch in vielen falschen Koordinatensystemen. Deshalb geht der Wahrheitsgehalt in der theoretischen Physik auch gegen null. Die Folge: physikalische Forschung steckt seit Jahrzehnten in der Sackgasse, weil sie am falschen Ort sucht: den nur lokalisier- und meßbaren **Äußerlichkeiten**. Diese sind aber nur die Symptome dessen, was es in Wahrheit zu suchen gilt: Feynmans "Maschinerie", die **Funktionismen** dieser Welt.

Mensch, Natur und Physik

Naturlehre hieß früher das Lehrfach, das heute mit dem nicht einmal definierbaren Begriff Physik bezeichnet wird: dem nur Beschreiben unserer fühl-, sicht- und unsichtbaren Umwelt, der Natur. Aber, beschreiben reicht ja gar nicht, Erklärungen sind erforderlich: nur sie befriedigen unsere Neugier. Und nur sie führen zum Verständnis dessen, warum unsere Welt so ist, wie sie ist. Ist das schwer? Sollte es nicht sein, denn wir befinden uns ja mitten drin, haben sozusagen alles vor Augen. Dann können wir es ja ganz leicht erkunden? Leider nein: es gibt eine Menge von Problemen.

Das erste Problem ist, daß es Konkurrenten für die Erklärung der Natur gibt. Schon zu Zeiten von Archimedes, 287 vor Chr. geboren, war bekannt, daß die Erde eine Kugel ist und sich um sich und um die Sonne dreht. Dann kam die kirchliche Schöpfungsgeschichte und stellte die Erde in den Mittelpunkt der Welt, nun als Scheibe. Das vorherig richtige Wissen mußte geistig mühsamst und körperlich lebensgefährlich fast zweitausend Jahre später neu gegen die kirchliche `Naturlehre´ durchgesetzt werden. Die Kirche kämpfte damals nicht nur gegen das heliozentrische Weltbild an, sondern generell gegen jedes von ihren Auffassungen abweichende Gedankengut. Sie wollte die Welt nach ihrem Glauben erklären. Giordano Bruno wurde verbrannt, Galilei mußte einen Eid gegen eine von ihm erkannte Wahrheit der Natur schwören.
Da heute insbesondere die Physik durch ihre falsche mathematisch Basis für die Allgemeinheit so unverständlich geworden ist, sind die sogenannten Kreationisten auf dem Vormarsch, die das Problem der Differenzen zwischen Wissenschaft und Glaube wieder zum christlichen Glauben hin verschieben wollen: Auch wissenschaftliche Erklärungen müssen nach ihnen von der Schöpfungsgeschichte gedeckt sein.

Ein zweiter Konkurrent ist die Philosophie. Sie sieht die `Dinge´ ganz anders: Nicht so, wie wir sie nur zu sehen glauben, sondern, alles seh- und fühlbare sei nur ein illusionistisches Abbild von Unbekanntem.

Das zweite Problem ist, mitten drin in den Geschehnissen der Natur zu sein. Der Blick innerhalb von Geschehnissen ist zu kurz, es besteht kein Überblick, der das Ganze aufzeigt. Um Naturgeschehnisse richtig sehen zu können, sind auch die dafür richtigen übergeordneten Standorte einzunehmen. Welcher sind das? Dieses Problem betrifft besonders die Erkundung von Bewegungen. Nachdem der Mensch sein Ich erkannte und sich umsah, sah er Bewegtes. Bewegungen aber richtig einzuordnen, hat er bis heute nicht geschafft. Letztlich entstanden daraus Einstein's unverständliche Relativitätstheorien.
Vordringlichste Aufgabe und Schlüsselproblem für alles bei der Erkundung der Natur ist, Bewegungen richtig zu verstehen. Gerade auch Bewegungsbetrachtungen führten Einstein zur allgemeinen Relativitätstheorie. Ob er sie jedoch richtig sah? Warten wir es ab. Die Nicht-Bewegung des Himmels gegen die für den Menschen unsichtbare tatsächliche Bewegung der Erdoberfläche zeigt das Problem im Großen auf. Es ist jedoch auch bei Alltagsgeschehnissen existent. Luft strömt auch bei Windstille einem Radfahrer um die Nase. Er nimmt es als Strömung wahr, die Luft aber nicht. Es ist nur der Fahrtwind, also die Bewegung des Radfahrers und nicht die der Luft. Ein Marienkäfer auf dem Tragflügel eines Flugzeuges sitzend sähe die Luftteilchen über sich genau so hinweg ziehen wie wir die Sterne über uns. In beiden Fällen, Radfahrer wie Marienkäfer, gibt es die aus falscher Sicht gewonnenen Erscheinungen von Luftbewegungen, also Luft-`Strömungen´, nicht. Trotzdem gibt es eine `Aerodynamik´, in der Luft-*Strömung* als Grundlage der Flug-Theorie dient.

Für die Erkundung der Natur ist es unabdinglich, vor allem

anderen zunächst Klarheit darüber zu schaffen, was bewegt sich wirklich und was nur scheinbar. Der Lohn dafür: die Klärung präsentiert direkt Ursache und Wirkung. Die Klärung von Bewegung und Nicht-Bewegung ist besonders dann vonnöten, wenn sie als überflüssig eingeschätzt wird: "Das ist doch klar, die Luft strömt an meinem Auto vorbei, ich brauche ja nur die Hand rauszuhalten, dann fühle ich es!". Daß es in der Wissenschaft der Physik keine Pflicht gibt, den Status von Bewegungserscheinungen **geschehnisbezogen** vor der Postulierung von Theorien zu bestimmen, ist Hauptursache vieler existierender falscher Theorien.

Die Ursache falscher Festlegungen von Bewegungen ist die, daß der Mensch beobachtete Bewegungen auf sich selbst bezieht: die Sterne drehen sich um *ihn*, die Luft strömt an *ihm* vorbei. *Er* sieht sich als Bezugspunkt des von ihm Gesehenen. Leider befindet er sich aber zu selten an der Stelle, an der sich die für Geschehnisse kausalen Bewegungen richtig zeigen. Das zweite Problem ist also ein subjektives. Es erhöht sich zum fast unlösbaren, wenn sich der Mensch nicht nur in einer zum Beobachteten falschen Stelle und abweichender Bewegung auch noch in dazu abweichender Beschleunigung befindet. Gibt es das außer in Vergnügungsparks? Ja, der Mensch befindet sich nach Einstein in einem permanenten Beschleunigungszustand, sonst hätte er auch kein Gewicht.

Das dritte Problem in der Naturbeobachtung entsteht aus einer Wissenschaft, die von außen kommt und vorgibt, Probleme zu lösen. Es ist die Mathematik.
Was ist Mathematik? Sie ist eine Geisteswissenschaft, also keine Naturwissenschaft. Mathematik ist eine Werte-Wissenschaft, eine quantitative. Die Werte in ihr sind Zahlen. Jedoch müssen diese nicht immer konkret vorliegen, sondern können auch als Variable mittels Buchstaben vertreten werden. Schon Galilei brachte die Mathematik in

Naturgeschehnisse ein. Er schrieb 1623 in seinem Buch 'Il Saggiatore' (Die Goldwaage) *"Das Buch der Natur ist in den Lettern der Mathematik geschrieben"*. Dieser Trugschluß führte die Physik von Anfang an in die Irre. Einstein wunderte sich schon, daß die Geisteswissenschaft Mathematik, die ja von der Existenz einer Physik gar keine Ahnung haben kann, so gut auf Naturgeschehnisse paßt. Trotz dieser Verwunderung sprang Einstein voll auf das mathematische Paradigma und setzte noch eins drauf, indem er die Natur nicht nur in ihren Geschehensergebnissen, sondern auch in ihren Regeln der Mathematik übergab: mathematische Regeln wurden zu physikalischen! Aus Mathematik mit dem Austausch algebraischer Variablen durch physikalische Größen mit ihren Dimensionen wurde 'moderne' Physik. Das überaus eindrucksvolle Funktionieren von Berechnungen für Erscheinungen von Naturgeschehen verdeckt jedoch, daß es darunter physikalische Regeln gibt! Niemand aber suchte danach, nach Einstein sowieso nicht mehr, Mathematik wurde das Werkzeug für die Physik.

Diese unphysikalische 'mathematische' Betrachtung der Natur brachte jedoch nur Erfolge in der Technik. Physikalisch führte sie in die Sackgasse, in der die Physik schon Jahrzehnte steckt. Ursache dafür ist, daß Mathematik zwar auf alle physikalischen Erscheinungen paßt, umgekehrt jedoch paßt die Natur nicht auf alle mathematisch möglichen 'Bilder'. Mathematik besitzt viele parallele Wege, um von gleichen Anfangsbedingungen zu gleichen Endergebnissen zu kommen. Befolgt die Natur diese aber Wege auch?

Nein!

In der Natur gibt es für den Ablauf eines Geschehens von einem bestimmten Anfangszustand mittels eines bestimmten Wirkprinzips zu einem dadurch bestimmtem Endzustand nur einen einzigen von ihr explizit bestimmten Weg. Aufgabe der Physik ist, diesen einen zu finden. Ihn aus von der Mathematik angebotenen vielen möglichen Wegen von Anfangs- zu Endzuständen heraus zu filtern, ist nur mit einer Erfolgsquote kleiner als beim Lotto möglich, sofern es der menschliche Geist überhaupt schafft, alle mathematisch möglichen Wege aufzustellen. Für die Naturerscheinungen Gravitation und Luftkraftentstehung gibt es viele mathematische Berechnungswege. Die aus den richtigen Theorien entstehenden sind nicht dabei. Für die Gravitation gibt es fünf aktuelle Theorien: die Anziehungskraft-, die Druckkraft-, die Feld-, die Minimalweg- und die Raum-Zeit-Theorie. Für die Aerodynamik, die in Wirklichkeit eine Aerokinetik ist, gibt es nur eine, die Bernoullitheorie, die aber viele Neben-Theorien benötigt, um zumindest nominal brauchbare Ergebnisse zu liefern. Alle vorgenannten Theorien sind physikalisch falsch, bringen mathematisch trotzdem richtige Ergebnisse zustande und ermöglichen Satellitensteuerungen wie Raum- und Luftfahrt. Fünf Gravitationstheorien mit quantitativ bestechend guten Ergebnissen beweisen aber gerade dadurch, daß Mathematik keine physikalischen Theorien bewerten kann. Der Erkenntnisweg über die Natur führt nicht von erfolgreichen Rechnungen, sondern ausschließlich von erkannten Wirk-Prinzipien zu richtigen Theorien.

Aus richtigen Theorien entstehen selbstverständlich auch mathematische Formeln. Das aber sind **innere** Formeln im Gegensatz zu **äußeren**, die nur die Äußerlichkeiten von Naturgeschehen abbilden. Zuerst ist also physikalisch zu erkunden, wie z. B. Gravitations- oder Luftkräfte entstehen, dann entstehen daraus richtige Theorien, die mathematische Formulierungen für innere Formeln erbringen. Innere Formeln bedürfen keiner experimentellen Bestätigung, sie sind aus Prinzip richtig. Ergeben Experimente andere Ergebnisse als innere Formeln voraussagen, so ist noch anderes Unbekanntes im Spiel, das dadurch gefunden werden kann. Nur für solche Aufgaben ist Mathematik in der Physik nutzbringend. Physik führt die Mathematik in ihr, nicht Mathematik die Physik.

Und dann gibt es noch ein Problem, ein viertes, das die Physik beeinflußt. Es ist die Technik. Sie ist eigentlich von der Physik abhängig, indem diese vorbestimmt, was wie funktionieren kann und was nicht. Im Hintergrund tut die Natur das selbstverständlich, aber die Physik als noch weitestgehend unfertige Erklärung der Natur ist durch eine in der Lehre nicht behandelte Vielzahl von Lücken noch lange nicht in der Lage, voran zu gehen. Technik geht voran, mit Pragmatismus, ohne sich all zu sehr um Theorien zu kümmern. Der Unterschied zwischen Theorie und Praxis ist ja sprichwörtlich und immer lag die Theorie neben der Praxis, bis sie im Nachhinein angeglichen, in einigen Fällen überhaupt erst entdeckt wurde. Viele technische Erfindungen sind gegen wissenschaftliche, das heißt in der Technik physikalische Meinungen, gemacht worden. Auf funktionierende Technik ohne Kenntnis ihrer physikalischen Grundlagen wurden oft nur vordergründige Theorien aufgesetzt. Paradebeispiel dafür ist die noch beispielhaft aufgeführte Aero-Dynamik.

Zwischen Physik, Mathematik und Technik gibt es konkrete und essentielle Unterschiede:

Physik ist wegbestimmt. Es führt nur ein einziger, den Regeln der Natur folgender, Weg zum Ergebnis.
Mathematik ist ergebnisbestimmt. Auf welchem vieler möglicher nach mathematischen Regeln bestimmter Wege das gleiche Ergebnis erreicht wird, ist beliebig.
Technik ist erfolgsbestimmt. Ob mit richtiger oder falscher Theorie oder gar keiner, ob mit Vertauschung von Ursache und Wirkung, Mathematik unterstützt dabei alles, kann alle nur denkbaren Korrelationen von Werten darstellen, aus welchen Gründen auch immer diese bestehen. Aus berechenbaren technischen Vorgängen physikalische Interpretationen zu gewinnen führt aber unausweichlich zu

Pseudophysik.

Aus den unterschiedlichen Wesen von Mathematik und Physik ergibt sich: Physik als Erkennt-nisse über Natur-geschehnisse ist nicht mathematisch dar-stellbar, sondern nur verbal. Beispiel sei die scheinbar physikalische Formel, daß eine Vortriebskraft gleich groß ist wie eine zu über-windende Widerstandskraft. Die Formel gilt uneinge-schränkt für einen Handkarren wie ein Auto und ein Düsen-flugzeug:

$$\text{Vortriebskraft} = \text{Widerstandskraft}$$

Für die Mathematik ist diese Formel eine Werte-Gleichung. Sie kann definitionsbedingt nur aussagen, daß die **Werte** von Vortriebs- und Widerstandskraft gleich groß sind. Sie sagt:

$$\text{Vortriebskraft}\textbf{wert} = \text{Widerstandskraft}\textbf{wert}$$

Wird die Ursprungsformel jedoch physikalisch gelesen, so sagt sie:

Vortriebskraft sei **Widerstand**skraft!

Beide sind jedoch Gegner zueinander. Die physikalisch sinnhafte Aussage der vorgenannten Formel ist somit blanker Unsinn. Formeln können keine physikalischen Beziehungen darstellen oder:

Formeln sind keine Physik!

Für die Beispielformel gilt, daß eine Aktionskraft und ihre Reaktionskraft gleich groß sein müssen, nicht aber, daß eine Aktionskraft eine Reaktionskraft ist. Da der Mensch aber so denkt, wie er spricht, selbst wenn er das Falsche in seiner Terminologie kennt, führte es zur Vermathemati-sierung der Physik. Aktionskraft und Reaktionskraft wer-den z. B. nicht mehr unterschieden. "Das ist doch egal!": so die entrüstete, hoch emotionale und tiefgläubige Aussage in einem Forum im Internet. Diese Äußerung ist die logische

Konsequenz heutiger Schullehre, die die Physik nur mathematisch bearbeitet und wie in diesem Beispiel Ursache und Wirkung bei Kräften gar nicht mehr unterscheidet.
Aber:

Physik unterscheidet sich von Mathematik wie das ABC vom Einmaleins

Worte haben in der Physik gleiche Bedeutung wie Zahlen in der Mathematik. Auch die Logiken, die die Sprache befähigen Sinnhaftes auszudrücken, sind die gleichen, nach denen sich Funktionismen der Natur aufbauen. Deswegen sind Theorien auch verbal und stehen über der Mathematik. Mathematische Formulierungen behandeln nur quantitative Werte physikalischer Größen und nicht deren funktionelle Beziehungen.

In der Natur gibt es im Gegensatz zur Mathematik überhaupt nichts, das egal wäre, was einen essentiellen Unterschied zur Mathematik darstellt. Das zeigt sich z. B. mit Folgendem: ob bei Windstille eine Fahne aus einem fahrenden Auto gehalten wird oder im Stillstand gegen den Wind, ist für die Kraft, die dabei aufgebracht werden muß, egal. Sie ist, wenn gleiche Differenzgeschwindigkeit vorliegen, in beiden Fällen gleich groß. Das gilt auch für die Funktion des Tragflügels eines Flugzeuges, Auftriebskraft zu erzeugen. Ob sich Fahne oder Flügel gegen die Luft oder im Windkanal die Luft gegen beide bewegt, führt zu gleich großen **Werten** der Kräfte. Trotzdem ist es aber doch nicht egal, wer sich bei den gegenseitigen Geschehen für die Kraftentstehungen **verursachend** bewegt. Wäre es egal, müßten z. B. für die Entstehung aerodynamischer Luftkräfte beide Varianten zur gleichen Theorie führen. Sie führten aber zu zwei: Luft gegen Flügel führte zur Bernoullitheorie, Flügel gegen Luft führt zur Rückstoßtheorie, wie sich folgend noch zeigt.

Bei jedem Naturgeschehen ist zu ermitteln, welche

Bewegung die für das Geschehensergebnis verursachende ist. Einstein sagte zu Bewegungen: "Alles ist relativ!" Aber selbst wenn er damit Recht hätte, ersetzt das nicht die Erkundung, wer von zwei Objekten die für ein gegenseitiges Geschehen **verursachende** Bewegung besitzt, wer also die Aktions- und wer die Reaktionsbewegung stellt.

Bewegungserkennung ist der Schlüssel zur Naturerkundung.

Aktions- und Reaktions**kraft** stellen nach den Erkennungen von Bewegungen das zweite zu lösende große Problem der Naturerforschung dar. Beide Kräfte zeigen auf, in welcher Richtung ein Naturgeschehen abläuft: von Ursache nach Wirkung. Die technische Gepflogenheit, beide nicht explizit bestimmen zu müssen, begrub die Erkundung von Ursache und Wirkung gleich mit. Technik vertauscht beide nach Belieben, da ja das nominale Ergebnis gleich bleibt. Der für die Technik unwichtige Unterschied zwischen Aktions- und Reaktionskraft ist in der Natur jedoch so wesentlich, daß z. B. deren Bestimmungen bei der Gewichtskraft zur halben Erkenntnis dessen führt, was Gravitation ist.

In welchem Status befindet sich die Physik am Beginn des dritten Jahrtausends? In einem desolaten: scheinbar ist `alles klar´. Wird aber das Äußeres beschreibende Mathematische herausgenommen, bleibt fast nichts Physikalisches mehr übrig wie etwa Newtons drei Prinzipien.

Physikalische Forschung steckt fest, es geht nicht weiter voran. Galilei und Einstein machten die Physik mathematisch. Die daraus entstandene `theoretische Physik´ gebärt Phantasien, wie die Natur nach mathematischen Determinismen funktionieren könnte. Die Wahrscheinlichkeit, daß sie es auch so tut, ist praktisch null. Die

Phantasien der theoretischen Physik reichen bis zu höheren Dimensionen in zweistelliger Zahl. Jedoch nicht einmal die erste Überdimension, die vierte, ist wirklich nachweisbar. Die Quantenphysik besteht aus gut rechenbaren Erscheinungen, jedoch ohne physikalische Erkenntnisse, warum es so ist. In der Teilchenphysik sind viele Bausteine bekannt, physikalische Zusammenhänge nach Ursache-Wirkprinzipien entstehen daraus aber genau so wenig wie eine große Anzahl von Planeten die Findung der Ursache der Gravitation erleichtern würde. Jede scheinbar beantwortete Frage gebärt z. Zt. in der Teilchenphysik fünf neue. Hauptaufgabe der Physik und ihr Vermögen ist aber, die Anzahl von Fragen zu vermindern. Physikalisch richtige Theorien führen dann auch tatsächlich zur Beantwortung von mehr Fragen, als zu ihrer Findung führten. Nur auf diesem Weg ist auch das oberste Welt-**Prinzip** zu finden, denn: eine Welt-**Formel** kann es nicht geben.

Über all dem Bekannten und Unbekannten schwebt dann noch das Relativistische, von dem niemand so recht weiß, was damit anzufangen ist, obwohl es sich hier noch als logisch Verstehbares entpuppen wird. Seine nur mathematische Benutzung führte seit nun schon einhundert Jahren zu keinen neuen physikalischen Wahrheiten.

Physik wird als Königswissenschaft gehandelt, sogar als erfolgreiche. Ein Mißverständnis: Technik ist erfolgreich, Physik jedoch liegt als nur löchriger Untergrund unter der mathematisch/technischen Decke. Was physikalisch fehlt, ist mathematisch überdeckt. Wer oder was könnte die Physik endlich zu ihrem Recht kommen lassen? Wissenschaft, in der Bedeutung, Wissen zu schaffen. Bisher vermochte sie es aber nicht. Warum?

Was ist eine Wissenschaft?
Mathematik als Geisteswissenschaft wird durch Regeln

(Punktrechnung geht vor Strichrechnung, Bruchstrich hat Klammerwert usw.) bestimmt. Es gibt keine von außen oder Gutachter zu regelnde Unklarheiten. Durch diesen Determinismus ist Mathematik eine Wissenschaft. Physik als Naturwissenschaft muß dementsprechend ebenfalls Regeln besitzen. Regeln aus der Natur, sonst ist sie keine Natur-Wissenschaft. Wissenschaft ist ein geistiger Bereich, der sich **vollkommen und selbständig** bestimmen muß. Hilfen dürfen weder von anderen Wissenschaften noch gar durch menschliche Individuen erforderlich sein.

Heutige Physik ist ein Wissenschaftsgebiet, aber noch keine Wissenschaft

Warum? Sie besitzt noch keine Regeln, ist damit nicht prüfbar, was sie zu nur einer `Glauben´- und nicht `Wissen´schaft macht. Mathematische Regeln und Menschen (Gutachter) bestimmen in ihr. Behauptet jemand, daß bei einer mathematischen Formulierung dies oder jenes heraus käme, setzt sich ein Zweifler hin und rechnet nach den Regeln der Mathematik nach. Behauptet jemand, in der Natur sei etwas so oder so, gibt es für eine Überprüfung keinerlei Regeln. Da die Natur aber genau so bestimmt ist wie die Mathematik, muß auch Physik Regeln besitzen und, sie besitzt sie auch und macht Überprüfungen durch jedermann, Nach`rechnungen´, möglich. Da die Regeln der Natur aber noch nicht gefunden, geschweige denn überhaupt gesucht wurden, werden physikalische Aussagen durch nur persönliche Meinungen beurteilt. Heutige Physik ist demnach immer noch nur Glaube an `Götter´, nun aber in menschlicher Gestalt wie z. B. Einstein oder viele heutige Fach-`Päpste´.

Erst <u>eigene</u> Regeln machen aus einem Denkgebiet eine Wissenschaft

Das heißt z. B., daß die Physik explizite Kriterien stellen

muß, die Theorien als richtig oder falsch ausweisen. Mathematik als Kontrollorgan funktioniert nachweisbar nicht, das beweisen die jetzigen fünf falschen, aber trotzdem quantitativ richtige Ergebnisse produzierenden Gravitationstheorien. Bisher wird Physik mehr oder weniger als `Zuträger´ zur Mathematik betrachtet bzw. sie bedürfe der Mathematik. Das ist falsch!

Den aus den noch aufgeführten Regeln der Physik entstehenden Kontroll- bzw. `Nachrechnungs´-Mechanismen fallen wesentliche Theorien zum Opfer: die Bernoulli-`Aerodynamik´ und die spezielle wie die allgemeine Relativitätstheorie. Alle dadurch, daß sie falsche Bewegungsgrundlagen besitzen. Beide Theorien haben keine `Aufsicht´, toben sich allein aus. Für sie gibt es z. Zt. auch keine neutralen Kontrolleure, die in der Lage wären, die physikalischen `Innereien´ zu verstehen, um sie unbefangen bewerten zu können. Aerodynamiker kümmern sich aus dieser Nichtkontrollierbarkeit heraus den Teufel darum, was Newtons Kraftprinzipien sagen. Sie erklären Luftkräfte nach ihrem Credo ohne Newton. Die spezielle und allgemeine Relativitätstheorie und die daraus entstandene theoretische Physik kümmern sich in gleicher Weise nicht darum, ob die Natur das mathematisch Mögliche auch machen kann. Im Gegenteil: Die Natur bestimmt! Ob die Mathematik da mitkommt oder nicht.

Wie sieht die heutige `Wissenschaft´ Physik aus?
Die subjektive Erkundung der Äußerlichkeiten der Natur aus falschen Standorten wie Bewegungen führte zu vielen Fehlsichten. Auch die Physik selbst im Regal aller Wissenschaften liegt nicht an richtiger Stelle. Sie besitzt keinen Boden, eigenspezifische Regeln und fiel durch auf andere Gebiete wie Mathematik, Technik, auch Philosophie und subjektives menschliches Denken.
Physik ist weiter terminologisch ungenügend gegen andere

Wissenschaften abgegrenzt. Z. B. ist eine mathematische *Größe* ein Zähl-Wert, eine physikalische *Größe* ist ein zu definierender geistig inhaltlicher Begriff. Eine technische *Kraft* gibt es in der Physik nicht, dort sind es immer eine *Aktions- und Reaktionskraft*. In der theoretischen Physik wird mit *Symmetrien* gehändelt, als ob diese ein Naturprinzip seien. Es ist aber reine Stochastik, an nur philosophisch Sinnvolles angelehnt. *Gesetze* bedeuten in der Mathematik anderes als in der Physik. Das kann so nicht bleiben.

Was ist die Aufgabe der Physik?
Physik hat die Aufgabe, die Natur in ihren **Funktionismen** zu erklären: was funktioniert wie, nach welchem Ursache-Wirk-Prinzip. Sie hat dabei insbesondere die Aufgabe, explizit richtige von falschen Aussagen zu trennen.

Historisch haben sich vier Hauptsachgebiete gebildet: die Newtonsche Physik mit der Astrophysik, die Teilchen- und Quantenphysik. Daneben entstand Relativistisches. Die Newtonsche Physik beschreibt die Welt in drei Dimensionen als geometrisch rechtwinkligem Raum und einer für alles gleichlaufenden Zeit. In ihr gibt es die Mechanik, die Elektromagnetik, Wärme- und Wellenlehre als Hauptgebiete. Für die Mechanik gelten im wesentlichen Newtons drei Prinzipien, die sich im Begriff Kraft zentrieren, für die Elektromagnetik gibt es noch keine solche Prinzipien, nur mathematische Werteformalismen, Maxwells Formeln. Für die Optik gibt es das Lichtwellen- und -brechungsprinzip, für die Akustik in etwa das gleiche. Es gibt viele grundsätzliche Mängel in der Physik wie 'Was sind elektrische Feldlinien, was Magnetlinien? Was ist Ladung?' Für die und mehr gibt es noch nicht die geringste physikalische Vorstellung. Technisch funktioniert die Elektromagnetik in hervorragender Weise. Eine Physik dafür gibt es noch nicht. Nur was elektrischer Strom ist: wandern von Elektronen bzw. Ionen, ist bekannt. Es ist sogar eine vorbildhafte Aussage als Muster, was Physik ist: die Natur zu **erklären**. Auch in der Mechanik sind wesentlichste Dinge unbekannt. Was ist Masse? Was ist Trägheit? Was ist Kraft? (Nicht, wie entsteht sie!) Warum bewegen sich freie Körper auf der Erde nicht gerade und geschwindigkeitskonstant nach Newtons Trägheitsprinzip, sondern auf ballistischen Fallkurven? Was ist die Gewichts`kraft`? Wo ist bei ihr die Aktions- und die Reaktionskraft? Und eine ganz praktische Frage: Warum fliegt ein Flugzeug? Selbst das ist nach 100-jähriger Flugpraxis immer noch nicht physikalisch richtig erkannt.

Aufgabe der Wissenschaft der Physik ist, die Ursachen und Wirkmechanismen für Erscheinungen der Natur zu finden und darzulegen

Jedes Naturgeschehnis läuft auf Grund einer Ursache mittels eines Funktionsprinzip ab. Dieses stellt eine Wahrheit dar. Der heutige Zustand der Wissenschaft der Natur jedoch wird von Thomas Görnitz in `Quanten sind anders´, Spektrum-Verlag 2006, treffend wie folgt beschrieben: *"Für die Griechen hatten die Axiome offensichtliche Wahrheiten auszudrücken. Heute fordert man nur noch, daß sie widerspruchsfrei sind, während keine anschauliche Bedeutung mehr verlangt wird"*. Das ist nichts anderes als die Generalkapitulation physikalischer Forschung. Die weitere Aussage von Thomas Görnitz: *"Von keiner der physikalischen Theorien, auch nicht von den erfolgreichsten, können wir heute beweisen, daß sie wahr sind"* bedeutet, daß wir praktisch kaum etwas von der Natur richtig wissen. Was Görnitz nicht im Sinn hatte: diese seine Aussagen gelten nicht nur in der Quanten-, sondern in fast der gesamten Physik. Nach außen ist das Haus der Physik zwar durch Plakate aus mathematischen Formulierungen des nur Äußeren von Naturgeschenissen fast geschlossen.

Nur, was ist da drin?

Damit Physik eine Wissenschaft wird, muß sie auch die Kriterien erfüllen, die eine Wissenschaft verlangt. Das ist eine zwingende Abgrenzung zu allen anderen Wissenschaften und ein sie vollkommen bestimmendes **eigenes** Regelwerk. Beides muß aus ihrem Wesen stammen. Das Wesen der Physik sind zu erklärende Funktionismen der Natur. Das legt Zuständigkeitsbereiche, Aussageinhalte und die Sprache fest. Die Fachsprache der Physik ist die Umgangssprache. Das kann auch nicht anders sein, denn unsere Sprache hat sich mit dem gebildet, was es um uns herum gibt. Die Terminologie besteht aus physikalischen Größen wie Länge, Zeit, Masse, elektrische Größen usw. Die Aussageinhalte der Sprache der Physik ist, wie funktioniert was, nach welchem Ursache-Wirk-Prinzip. Mathematik mit ihrem unstillbaren Hunger nach Berechenbarem hat aber immer den Fuß in der Tür, um physikalische Aussagen zu `bearbeiten´ und zu beeinflussen, sie möchte auch was zu sagen haben.

Der historische Aufbau der `Wissenschaft´ Physik geschah ohne jedes Regelwerk. Von nah bis fern, groß bis größer und klein bis kleiner wurden Naturgeschehnisse als lokale Theorien gesammelt, in der Newtonschen Physik durch Sparten wie Mechanik, Wärme, Elektrik, Optik und Akustik sortiert. Fehlendes und Übergreifendes wurde durch anderes ersetzt: durch mathematisches, philosophisches und gutachterliches. Der Mißerfolg einer solchen `Physik´ als Wissenschaft war unvermeidbar. Die Natur besteht weiterhin nicht aus einer Summe vieler Einzelgeschehnisse wie ein Mosaik oder Puzzle, sondern, sie ist mit Prinzipien von **oben nach unten** strukturiert!

„Mit bloßem Nachdenken allein kommt man in der Naturwissenschaft nicht weit, das hat die Erfahrung gezeigt", so Rolf Landua, CERN, in `Am Rande der Dimensionen´, Suhrkamp 2008. Er meint damit, daß es ohne Mathematik

und Experimente nicht ginge. Naturerkenntnisse finden sich tatsächlich auch nur dann, wenn die für Geschehnisse relevanten physikalischen Größen bekannt sind. Dann aber **nur** durch Denken! Sind die geschehensrelevanten Größen eines Geschehnisses nicht bekannt, ist ein physikalischer Durchblick überhaupt nie möglich. Experimente und Rechnungen sind hilfreich bis notwendig, um Abhängigkeiten physikalischer Größen oder neue Größen zu finden, jedoch nicht in quantitativer Hinsicht, sondern nur **ob** Etwas von Etwas abhängt oder nicht, auch in welcher Qualität (linear, quadratisch usw.) oder ausnahmsweise auch einmal quantitativ, ob etwas gleich ist wie etwas anderes (z. B. die Zeitdilatation auf der Erde und die bei ihrer Fluchtgeschwindigkeit), nicht aber, wie groß. Die Verwendung experimenteller Wunschergebnisse führt **trotz** mathematischer Stimmigkeiten allzu oft zu falschen physikalischen Theorien. Es wird häufig nur das eine Vorgefaßte gesucht, das andere aber ignoriert.

<u>Nur</u> mit Nachdenken nach physikalischen Regeln entstehen neue Erkenntnisse in der Physik

Für die Findung der Prinzipien einer Menge noch unerschlossener Naturphänomene liegen die dafür relevanten physikalischen Größen vor. Heutige physikalische Forschung hat damit vorwiegend die Aufgabe, für bisher bekannte Geschehnisse die **richtigen** Theorien zusammen zu fügen.

Auch für die Lösung des Rätsels Gravitation liegen alle Teile vor, nur Nachdenken ist noch erforderlich, was im Folgenden noch geschieht. Physikalische Forschung ist Kriminalistik: wer ist der Täter, die Ursache für Naturgeschehnisse. Ohne Denken geht da gar nichts, wobei sich die Denkergebnisse **nur** nach den Regeln der Physik bestätigen können.

Was ist physikalische Populärwissenschaft?
Sie ist das `amtliche´ Endergebnis allen Forschens: die Darlegung der Funktionismen von Geschehnissen der Natur. Sie ist das Vorlegen der Ergebnisse vor dem Auftraggeber, dem Geber der Forschungsmittel, also der Allgemeinheit. Da Sprache die Sprache der Physik ist, müssen diese auch in Sprache vorgelegt werden. Damit sind sie für **jeden** Interessierten verständlich. Gelingt das nicht, **beweist** es Unwissen. Die Natur funktioniert nach Prinzipien, das sind verbal beschreibbare Zusammenhänge wie z. B. "Kraft entsteht durch Beschleunigung von Masse" und "Lichtstrahlen knicken sich beim Übergang in Materialien anderer Dichte". Die Wirkprinzipien der Natur sind immer von einfachem Verständnisinhalt. Ebenso aber auch daraus entstehende Grundsatzformeln. Die `höchste´ Formel der Natur, $E = m*c^2$, ist einfacher Dreisatz mit nur einer 2er-Potenz. Höchst komplizierte mathematische Formulierungen sind für die Technik manchmal erforderlich, entsprechen aber nicht dem Wesen der Natur und sind mit allerhöchster Sicherheit physikalisch wertlos.

**Physik <u>ist</u> Populärwissenschaft,
denn sie ist eine <u>Erklärungs</u>wissenschaft**

Die Vielfalt der Erscheinungen in der Natur entsteht aus den Kombinationen einer größeren Menge einfacher Grundprinzipien. Das macht die Physik nicht kompliziert, aber unübersichtlich und dadurch schwierig. Letztlich kann kaum an alles gedacht werden, was Naturerscheinungen aus mehreren Einflüssen im Detail bestimmen.
Physik ist nicht die Jagt nach Formeln oder Naturkonstanten. Die Natur kennt weder mathematische Determinismen noch Faktoren. In der Physik gibt es nichts, das von normal gebildeten interessierten Personen nicht verstanden werden könnte. Ist etwas unverständlich wie z. B. in der Aerodynamik und in den Relativitätstheorien, ist es schon aus diesem Grunde falsch. Das betrifft insbesondere

die theoretische Physik. Eine *theoretische* Physik kann es auch gar nicht geben: die Natur besteht nur aus Substanziellem, Dinglichem, das immer erklärbar ist.

Warum läuft so vieles `schief´ in der Physik?

Weil Physik die uns umgebende Umwelt ausdrückt, in und mit der wir leben. Wir sind damit befangen, bringen eigene Gefühle mit hinein, sind nicht neutral, werden von Naturgeschehnissen gar mitgenommen. Unsaubere Sprache gebärt zusätzlich Irrtümer. Mehrheiten prägen Meinungen, die bei Falschheit nur mühevoll widerlegt werden können. Natürlich darf aber jeder mitreden, nur setzt es sachliches Denkenkönnen voraus. Denken wird jedoch nicht gelehrt, sondern nur Gedachtes, und das auch nur rechnend auf einem geistigen Exerzierhof. Selbst große Fach-Geister machten in der Physik vieles falsch. Warum? Weil es keine Regeln gibt, die unbestechlich falsch von richtig trennen. Viele richtige Erkenntnisse mußten sich in der Vergangenheit gerade gegen von großen Geistern geprägte falsche Lehrmeinungen durchsetzen. Schulwissen ist bis in höchste Institute immer noch nur Glaube von gestern geblieben.

Was ist ein Naturgeschehnis?

In der Physik ist erforderlich, daß jedwedem Begriff ein eindeutiger geistiger Inhalt zugeordnet ist, eine Definition. Ansonsten sind weder richtige Verständigung noch gar richtiges Denken möglich. Das soll als Erstes für den Begriff Naturgeschehnis oder Natuphänomen, als Basiselement der Natur bzw. des Kosmos und damit der Physik gemacht werden.

In unserer Natur passiert etwas, Meteoriten fallen vom Himmel, Vulkane erzeugen Berge, Kontinente verschieben sich, Wettervorgänge gestalten Landschaften, biologisches wie Flora und Fauna verändern die Oberfläche der festen Erde, das Wasser der Meere bildet Küstenlinien, Wolken usw. Heute bestimmt der Mensch das Bild der Natur wesentlich mit. Alles, was auf der Erde und bis in entfernteste Gebiete im Kosmos passiert, ist in einzelne Geschehnisse aufteilbar. Sie sind die Suchobjekte der Physik. Mehrere Einzelgeschehnisse können aber auch zu einem Gesamtgeschehen führen, das sich durchaus auch wie ein nur einziges Geschehen präsentieren kann. Auch das macht die Erkundung der Natur schwierig. Z. B. beschreibt ein geworfener Ball die bekannte Wurfparabel. Für sie gibt es *eine* Formel, aber: die Bahn entsteht aus zwei von-einander gänzlich unabhängigen Naturgeschehen und wir beobachten sie überdies aus einem bewegten und beschleunigten Zustand.

Das erste Problem zur Naturerkennung ist also, zunächst Einzelgeschehnisse zu selektieren. Danach sind sie zu untersuchen, z. B der freie Fall als Gravitationsgeschehen. In ihm lassen sich mehrere physikalische Größen bestimmen wie Fallhöhe, Fallgeschwindigkeit, Fallbeschleunigung. Nur, warum fällt etwas? Und, es zeigt sich noch folgendes: Naturgeschehnisse bestehen aus zwei Teilen,

einem Äußeren und einem Inneren. Das Äußere zweifels-
frei zu erkennende ist lokalisier- und damit meßbar. Das
diese Erscheinungen hervorrufende Unbekannte aber, das
Geschehen steuernde innere Ursache-Wirk-Prinzip, bleibt
unsicht- wie unmeßbar. Es ist nur mittels Nachdenken zu
finden. Das zuvor beschriebene Äußere bei dem Gravitationsgeschehen ist nicht einmal alles. Anderes ist, daß
materielle Körper bis aus unendlichen Entfernungen aufeinander zu gehen, dieses auf bestimmten Bahnen und mit
quadratisch von der Entfernung abhängigen Geschwindigkeiten tun und bei Berührung der Körper eine Kraft
zwischen ihnen entsteht, die von den Materiemengen
beider Körper und ihrem gegenseitigen Abstand abhängt.
Alles das führt aber immer noch nicht zu Erkenntnissen
über das Innere, nämlich "Was ist Gravitation?" und:
Warum gibt es eine quadratische Abhängigkeit der
gravitativen Wirkung?".

Naturgeschehnisse bestehen aus äußeren lokalisier- und meßbaren Erscheinungen und inneren weder sicht- noch lokalisier- und meßbaren nur verbal ausdrückbaren Funktionismen

Das Äußere von Naturgeschehnissen kann nach moderner
Terminologie als örtlich vorhandenes und quantitativ be-
stimmbares mit Hardware verglichen werden. Das Äußere
von Naturgeschehnissen ist mathematisch faßbar. Es ist
jedoch nur sekundär, folgt bestimmten unsicht- und unmeß-
baren Funktionismen. Formeln zur Beschreibung des Hard-
ware-Äußeren ohne Kenntnis deren innerer Funktionismen
sind **äußere** Formeln. Sie entstehen üblicherweise aus
Messungen von am Geschehen beteilign physikalischen
Größen. Auf die zur Gravitation wurden fünf unterschiedliche Theorien ʻaufgesetztʼ. Alle erbringen gleiche Ergebnisse, aber minimalste Unterschiede in wenigen bestimmten Fällen unterscheiden sie dennoch. Die Mondumlauf

zeitschwankungen kann z. B. nur die Drucktheorie nachvollziehen, die Periheldrehung des Merkurs (Drehung der Ellipsenachse seiner Bahn um die Sonne) kann dagegen offiziell nur mit den Relativitätstheorien nachvollzogen werden. Jedoch könnten es die klassischen ebenso, wenn die Auswirkungen der Zeitdilatation in ihnen berücksichtigt würden. Das Äußere in der Aerodynamik führte zu unterschiedlichen Theorien für den Flug unter- und oberhalb der Schallgeschwindigkeit. So etwas kann aber nicht sein: Innere Grundprinzipien ändern sich nicht in Abhängigkeit von Werten beteiligter physikalischer Größen wie hier der Geschwindigkeit.

Das Innere von Naturgeschehnissen besteht aus Ursache-Wirk-Funktionismen, die nur verbal dargestellt werden können. Es läßt sich nach dem voran gegangenen Vergleich als Software bezeichnen. Das Innere ist nicht dinglich und nicht lokalisierbar wie die äußeren Erscheinungen. Es sind Funktionismen, die mit Prinzipien nur geistig logischen Inhalt haben. Aus der Kenntnis des Inneren von Geschehnissen ergeben sich ohne Experimente rein theoretisch Formeln. Das sind **innere,** von Haus aus richtige Formeln. Sie sagen Meßergebnisse theoretisch **voraus** und bedürfen keinen `Nach´-Messungen, sondern bestätigen diese!

Aus diesem Aufbau von Naturgeschehnissen ergibt sich:

Das Äußere von Naturgeschehnissen ist mathematisch darstellbar und führt zu Technik.
Das Innere von Naturgeschehnissen ist nur verbal darstellbar und ist Physik

Das Innere von Naturgeschehnissen erkannt zu haben, bedeutet, grundsätzliche Wahrheiten der Natur gefunden zu haben. Es ist die Aufgabe der Physik, nur das Innere von Geschehnissen aufzudecken, ihre Wahrheiten.

Die Regeln der Physik

Eine Wissenschaft muß Regeln besitzen, die **alles** in ihr bestimmen. Regeln der Mathematik entstehen aus derem quantitativen Wesen. Die Regeln der Physik stammen aus dem Wesen der Natur und bestimmen somit die Zusammenhänge in der Natur, die nicht quantitativer, sondern funktioneller Art sind.

Die nachfolgend vom Autor gefundenen Regeln erheben keinen Anspruch auf Vollzähligkeit. Sie wurden erstmals am 24. 9. 2005 im Internet unter www.kosmosphysik.de veröffentlicht.

1 Die Natur ist vollkommen durch Ursache-Wirkungs-Prinzipien bestimmt

"Man kann es doch auch so sehen!" ist in der Physik **absolut** verboten. Es gibt keinen Freiraum, ein Ding der Natur so oder so sehen zu dürfen, es gilt einzig die Sicht (der Kontext) der Natur. In der Physik ist heraus zu finden, welche Sicht zu einem Naturgeschehnis eingenommen werden **muß**! Diese Sicht stellt das **natürliche Koordinatensystem** dar.

2 Alle Ursache-Wirk-Prinzipien der Natur laufen so ab, als ob sie allein existieren würden. Es gibt keine Beziehungen zwischen Wirkprinzipien

Eine Naturerscheinung kann aber die Summe aus Auswirkungen mehrerer Ursachen sein.

3 Für Naturprinzipien gibt es keine Ausnahmen

Die Beschleunigung eines Körpers durch eine äußere Kraft **muß** nach Newtonscher Physik in diesem meßbar sein. Beschleunigt sich ein Körper, ohne daß dies in seinem Inneren meßbar ist (freier Fall), so wird er **nicht** durch eine äußere Kraft beschleunigt. Die Ursache der Gravitation stammt somit nicht aus der Newtonschen Physik. Exklusive Naturprinzipien als Ausnahmen für nur ein einziges Geschehen gibt es nicht, wie z. B. eine doch existierende `andersartige´ `Kraft´ für die Gravitation oder eine Gravitation verursachende `dunkle Materie´ als nicht normale Materie, also ohne Bremswirkung auf sich in ihr bewegende Objekte.

Diese Regel gilt auch in umgekehrtem Sinn. Z. B. **muß** die Erklärung aller Kräfte **ausschließlich** nach Newtons Kraft-Prinzipien erfolgen. Erklärungen kinetischer Kräfte nach anderen Gedankengängen, wie z. B. die Auftriebskraft bei Flugzeugen mittels des Bernoulli- oder Coanda-Effektes sind nicht zulässig.

4 Für eine Wirkung kann nur eine Ursache verantwortlich sein

Auch dieses Kausalitätsprinzip gilt ausnahmslos. Nur damit kann Physik eine exakte Wissenschaft sein. Z. B. darf die Auftriebskraft für Flugzeug und Hummel aus nur **einer** gemeinsamen kausalen Ursache entstehen. Weiter kann Zeitdilatation nicht aus Geschwindigkeit **oder** Gravitation entstehen, sie muß **ihr** ureigenstes Ursache-Wirk-Prinzip besitzen.

5 Physikalische Größen müssen definiert sein, Beziehungen zwischen Größen oder anderem dürfen nicht definiert werden, sie sind von der Natur bestimmt

Z. B. Newtonsche Kraft, Gravitationskraft, Schwere usw. sind eindeutig zu definieren. Daraufhin ist zu ermitteln, ob es sie wirklich gibt und wie ihre Aktions- und Reaktionskraftpaare aussehen. Schon das darf nicht definiert werden, da von der Natur bestimmt.

6 Zu einem Ursache-Wirkungs-Geschehen gehören nur invariante (unveränderliche) Größen

Z. B. ist in der Aerokinetik nicht erlaubt, Fahrtwind als

geschehensrelevante Größe zu benutzen. Fahrtwind ist im flugzeugfesten Koordinatensystem eine fiktive Strömung, die im luftfesten Koordinatensystem gar nicht vorhanden ist, also eine variante, veränderliche Größe.

7 Theorien, Postulate und logische Schlüsse dürfen nur aus invarianten Geschehensgrößen im natürlichen Koordinatensystem stammen.

8 Invariante Größen sind von varianten eines Geschehens durch Wechsel zu anderen Koordinatensystemen zu erkunden.

9 Für die richtige Sicht von Naturgeschehnissen sind deren natürliche Koordinatensysteme zu ermitteln. Für jedes Geschehen gibt es nur ein einzig richtiges
Jedes Naturgeschehnis läßt sich in jedem beliebigen Koordinatensystem mathematisch exakt darstellen. Der physikalische Funktionismus läßt sich jedoch nur im natürlichen Koordinatensystem erkennen. Dieses zeichnet sich dadurch aus, daß die invarianten Geschehensgrößen explizit vorliegen. Bei einem Auto-Baum-Zusammenstoß ist das natürliche Koordinatensystem das des Baumes bzw. der Erdoberfläche. Beim Aufprall Flugzeug gegen Luft ist das natürliche Koordinatensystem in Analogie zum Auto ebenfalls nicht das Flugzeug, sondern die Luft.

10 Jedes Naturgeschehen ist <u>von der Natur</u> bis hoch zum obersten Weltprinzip verbal stringent und verständlich erklärbar
Diese verbalen Erklärungen sind Theorien. Theorien müssen sagen, welches Naturgeschehnis nach welchem Naturprinzip von welcher Ursache zu welcher Wirkung abläuft. Naturprinzipien vereinigen sich nach oben hin im gesuchten Weltprinzip.

Und es gilt:
Keine Erklärungen mit anderen Erklärungen! "Das funktioniert wie..!" ist verboten. Z. B.:"Galaxien funktionieren wie Planetensysteme". Wie sich noch zeigen wird, Pseudophysik. Genau so die Erklärung der Entstehung einer Luftkraft: das Geschehnis Bernoullieffekt ist neben dem Geschehen Luftkraftentstehung ein eigenes Geschehen.

Als Beispiel die Erklärung für eine Pirouette: Ein Körper auf einer ihm aufgezwungenen Rotationsbahn (Rollbahn, an einem Seil hängend, Arme/Beine eines/r Schlittschuhkunstläufers/in) behält seine Geschwindigkeit als Umfangsgeschwindigkeit nach Newtons Trägheitsprinzip bei. Wird der Radius ohne eine Krafteinwirkung in Rotationsrichtung auf den Körper geändert, so behalten die rotierenden Teile ihre Umfangsgeschwindigkeiten bei. Das ergibt bei kleiner werdendem Radius eine höhere Drehzahl.

Eine Theorie für die Drehzahlsteigerung mittels der Konstanz eines Drehimpulses aufzubauen, ist unzulässig. Der Drehimpuls als eher technisch zu verstehende Größe, obwohl auch von Physikern gern verwendet, bedarf selbst einer Erklärung. Die physikalische Erklärung eines jeden Naturgeschehnisses muß immer `auf den Punkt´ kommen.

Das Grundprinzip der Pirouette ist die Trägheit. Ursache ist die Verkleinerung der sich auf Kreisbahnen bewegenden Radien der Schwerpunkte der Arme und Beine, Folge die Erhöhung der Umdrehungszahlen bei gleichbleibenden Umfangsgeschwindigkeiten.

11 Jede physikalische Theorie muß und darf nur mit einem Ursache-Wirkprinzip, dem natürlichen Koordinatensystem und den geschehensbezogenen invarianten physikalischen Größen ausgestattet sein
Die allgemeine Relativitätstheorie enthält z. B. weder die

Aussage, was sie erklären will, noch ein Ursache-Wirk-Prinzip noch das Koordinatensystem, in dem was(?) gesehen wird. Damit ist sie keine physikalische Theorie. Ihre Inhalte fußen nur auf der mathematischen Beschreibung des Äußeren gravitativer Geschehnisse. Schon vor Kopernikus konnten in gleicher Manier von den Inkas die Bewegungen der Sterne exakt berechnet werden. Diese nur nominal quantitativ richtigen Ergebnisse entstehen auch aus falschen Theorien. Richtigkeiten von Theorien ergeben sich **nur** aus von diesen Regeln bestimmten Kriterien.

12 Naturerkenntnisse dürfen nur in einer Richtung ermittelt werden: aus aus Beobachtungen zu findenden Ursache-Wirk-Prinzipien für Geschehnisse

Beobachtetes mit nach mathematischen oder philosophischen Überlegungen aufgestellten Theorien einzukleiden, damit richtige Ergebnisse erreicht werden, treffen niemals das, was dem Beobachteten als natürlichem Funktionismus zugrunde liegt. Die Lösung z. B. des Rätsels Gravitation kommt nicht daran vorbei zu erkennen, ob Gravitation ein Geschehnis ist, das von Körpern nach außen geht oder von außen auf sie hin wirkt. Das kann nicht direkt beobachtet werden, nur mittels Denken heraus gefunden werden.

13 Mathematik paßt mit ihrem Determinismus nur <u>innerhalb</u> von Naturprinzipien zur Physik, darf deshalb nicht prinzipübergreifend angewandt werden

Mathematische Gestaltungsmöglichkeiten in der Physik gestatten die Beschreibungen jedweder Naturerscheinungen, in falschen Koordinatensystemen wie mit varianten und fiktiven Größen. Deshalb muß die Mathematik von der Physik geführt werden. Nur innerhalb von Naturprinzipien sind aus mathematischen Formulierungen physikalische Interpretationen richtig. Innere Formeln finden sich zuweilen auch, ohne daß die zugehörige richtige Theorie bekannt ist, man es also gar nicht weiß, daß es innere Formeln sind. Dieser (glückliche) Umstand führte in der Vergangenheit zu einigen Entdeckungen, andererseits jedoch zum Stillstand heutiger Forschung.

Die Rückgewinnung eines physikalischen Wirkprinzips selbst aus einer vom richtigen Prinzip entstandenen inneren Formel ist grundsätzlich nicht mehr möglich. Z. B. Kraft ist Masse mal Beschleunigung: wie kann daraus das Impuls-änderungs-**Prinzip** heraus gelesen werden?

14 Ein Naturgeschehen ist nicht deshalb so, weil es der mathematische Determinismus einer Formel so vorgibt, sondern: der Determinismus einer Formel paßt nur zufällig zum Äußeren von Naturgeschehen
Alle Naturvorgänge sind bisher zwar mathematisch beschreibbar, was aber kein Gesetz ist. Es könnte auch passieren, daß die Mathematik einmal versagt wie z. B. bei der Zeitpunktbestimmung radioaktiver Zerfälle einzelner Atome.

Als Vorgriff auf noch Folgendes:

15 Es gibt für Materielles nur eine Physik, die Newtonsche, die in Inertialsystemen mit deren Zeitgängen abläuft
Beobachtungen in Inertialsysteme (Systeme mit anderen Geschwindigkeiten, damit durch die Zeitdilatation verursachten anderen Zeitgängen), zeigen zeitlich andere (Zeitlupe, Zeitraffer) Geschehensabläufe. Diese scheinen für den Beobachter falsch zu sein. Die Beobachtung von der Erde in ein Inertialsystem, in dem die Zeit wesentlich langsamer verläuft, würde in einem riesengroßen Raumschiff einen Auto-Aufprall zeigen, wie er in Zeitlupe von

Auto-Sicherheits-Crash-Versuchen bekannt ist. In Inertial-systemen bestimmt die sich relativistisch geänderte Se-kunde die Geschehensfortschritte nach den identischen Formeln, die auch hier auf der Erde gelten. Trotz der von der Erde beobachteten scheinbar zu langsamen Geschwin-digkeit zeigt der Tacho des Autos im Raumschiff die (höhere) Geschwindigkeit an, die zu dem entstehenden Schaden paßt. In Inertialsystemen bestehen keine Notwen-digkeiten, Massen oder Längen an von der Erde abwei-chende Maßstäbe anpassen zu müssen. **Ausschließlich** die Zeitgänge sind in Inertialsystemen anders. Die Newton-sche Physik ist in allen Inertialsystemen gleich.

16 Großes ist die Summe vielem Kleinen

Für beides darf es nur eine einzige Physik geben. Separate Vereinheitlichungstheorien oder -Formeln für z. B. das Große (allgemeine Relativitätstheorie) und das Kleine (Quantenmechanik) darf es nicht geben.

17 Die Natur ist nicht übernatürlich

Es gibt noch keine einzige **gesicherte** Erscheinung in der Natur, die nur durch Überdimensionales erklärt werden könnte. Das gilt besonders für die Gravitation, die sich, wie noch folgt, **normal** mit klassischer euklidischer Geometrie erklärt. Alles Überdimensionale stammt aus Einsteins mathematischen Betrachtungen der allgemeinen Relati-vitätstheorie, die aber nur Formeln für das Äußere der Natur darstellen.

Wie sieht die Physik optisch aus?

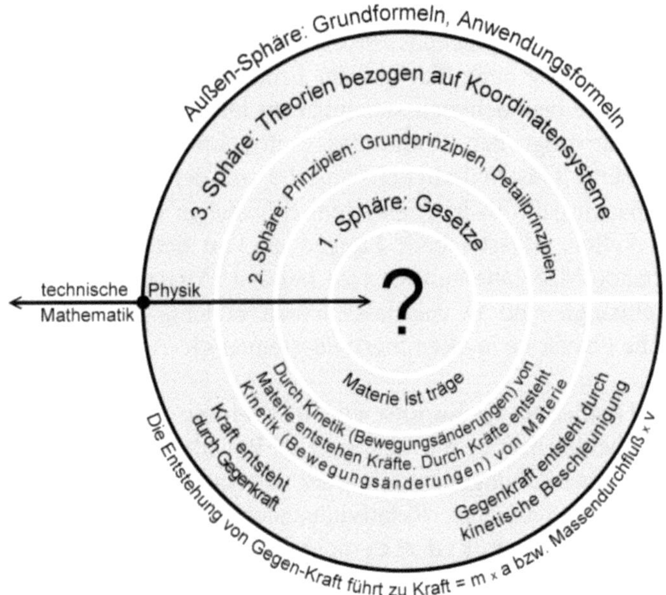

Physik ist, die Natur in ihren inneren Funktionismen zu erklären.
Naturäußerlichkeiten zu berechnen ist Technik.

Rund um den unbekannten Kern des Weltfunktionismusses (Fragezeichen) reihen sich Erkenntnis-Sphären.

Die erste Sphäre sind **Gesetze**. Sie definieren sich als Aussagen über Gegebenheiten der Natur, die nicht nachvollziehbar sind, deren Ursprünge also noch im Dunkel liegen. Zum Beispiel: `Massen sind träge´. Physikalische Gesetze sind noch hin zu nehmende Tatsachen, noch unergründete Fakten.

Als zweite Sphäre zeigen sich **Prinzipien**. Sie sind nachvollziehbare Vorgänge wie z. B. Energie geht nicht verloren oder die Kraftentstehung nach Newtons drei Prinzipien´, die keine Gesetze sind. Ursprung von Kräften ist die Trägheit, deren Existenz aber noch nur ein Gesetz.

Mit Prinzipien entstehen in der äußersten Sphäre **Theorien**, die konkrete Naturgeschehen in ihren Abläufen von Ursache nach Wirkung verbal beschreiben. Aus Theorien als Beschreibung reproduzierbarer Abläufe entstehen mit Mathematik Formeln, die außerhalb der Sphären der Physik physikalisch untermauerte Technik ermöglichen und dadurch Experimente weitgehendst unnötig machen.

Das Wissen der Menschheit besteht nicht darin, daß man die Natur berechnen kann. Das Wissen der Menschheit besteht darin, daß man weiß, wie alles zusammenhängt, welches Ding der Natur mit welchem anderen Ding wie wechselwirkt. Die Natur besteht weiter aus nur realen Dingen und nicht aus methematischen Beziehungen von physikalischen Werte-Größen!

Physikalische Theorien sind rein verbal und benennen Beziehungen von Dingen der Natur, die mit Prinzipien bezeichnet werden. Nur eine verbale Theorie kann Sinnhaftes vermitteln. Mathematische Formulierungen können das nicht. Der "Sinn" der Gravitation, also was sie sei, kann aus bisher mindestens fünf unterschiedlichen "Theorien" trotz richtiger Rechenergebnisse nicht ergründet werden. Aus der allgemeinen Relativitätstheorie interpretierte man einen Sinn über die Gravitation, der abstruser nicht sein kann: der Raum verkrümme sich überdimensional in Geometrie und Zeit. Geglaubt wird das nur, weil es so interessant ist. Meßtechnisch bewiesen ist davon überhaupt nichts. Dinge wie Raum-Zeit, Überdimensonen, Parallelwelten, Wurmlöcher und mehr sind reine Phantasien.

Wie finden sich Wahrheiten in der Natur?

Natürlich durch forschen. Wie aber ist erfolgreich zu forschen? Gott sei Dank gibt es einen Königsweg. Das Forschen in der Vergangenheit war unstrukturiert, rein stochastisch. Je mehr es noch zu entdecken gab, um so erfolgreicher war es. Aber auch durch das Prinzip dessen, was physikalische Forschung ist: Kriminalistik. Kommissar Zufall servierte die meisten Entdeckungen. Heute ist diese Methodik am Ende. Die Forschung steckt seit geraumer Zeit fest. Also ist es an der Zeit, physikalische Forschung erfolgsbezogen neu zu strukturieren.

Das erste Prinzip für Forschung wurde schon erwähnt, eine gewisse Reihenfolge. Daß also zuerst die Abklärung, erfolgen muß, was bewegt sich gegenüber wem. Diese Klärung ist in der Physik essentiell für die Erkennung dessen, was wie in der Natur passiert. Die Fehler, die dabei in der Vergangenheit bis heute gemacht wurden, sind katastrophal viele. Die Himmel- gegen die Erdbewegung ist nur die bekannteste. Daß der Mensch daraus aber etwas gelernt hätte, läßt sich nicht sagen, eher das Gegenteil: weiterhin bezieht er Bewegungen auf sich selbst.

Was bewegt sich, was nicht,
ist die erste zu lösende Frage

Ihre Beantwortung führt direkt zu Erkenntnissen über Ursache und Wirkung. Auch für die Findung dessen, was Gravitation ist, ist sie zu beantworten, stellt dabei aber, wie sich noch zeigen wird, das verwickeltste Problem dar, das sich überhaupt ausdenken läßt.

Das nächste zu lösende Problem ist ähnlich. Wie sind Naturgeschehnisse zu sehen? Dazu sagt Johann Wolfgang von Goethe etwas äußerst hilfreiches: *"Zur Einsicht in den geringsten Teil ist die Übersicht über das Ganze nötig!"* Das stellt die nächste Erkenntnis für die Vorgehensweise physikalischer Forschung dar:

Physikalische Forschung muß vom prinzipiell einen Ganzen, von oben, zu dem vielen Einzelnen, den Details erfolgen!

Der umgekehrte Weg führt unausweichlich in die Irre, wie z. B. in der Aerodynamik geschehen. Die Theorie des Fliegens wurde aus Details zusammen gestrickt, die sogar nur speziell an einem Flugzeugflügel auftreten. Das Ganze des Fliegens besteht aber auch aus dem Überschall- und dem Hummelflug. Bei diesen treten die für die Theorie des Fliegens verwendeten Details gar nicht auf. Daß mit der Lehrtheorie des Fliegens etwas nicht geheuer ist, drückte in 2001 ein deutscher Professor so aus:
"Das Fliegen gehört wohl zu den Phänomenen, die wir in der Natur beobachten und einfach hinnehmen müssen" (DIE ZEIT, 21/2001).
Es ist also nicht unbemerkt geblieben, daß in der Physik des Fliegens noch etwas offen ist.
Die richtige Erkundung des Problems Fliegen führt von oben bzw. vom Ganzen gesehen zur Frage: wie kann sich **grundsätzlich** ein Körper, also nicht nur speziell ein Flugzeug, oberhalb der Erdoberfläche auf Höhe halten? Die erste Frage zu einem Naturgeschehnis muß von übergeordnetem Beobachtungspunkt erfolgen und nicht nur auf eine Einzelheit, im Beispiel also nicht nur speziell auf das Profil des Tragflügels eines Flugzeugs, polarisiert sein. Neben Vögeln, Insekten und Flugzeugen gibt es sogar noch Raketen. Auch sie können sich oberhalb der Erdoberfläche halten. Damit besteht als Erstes die Verpflichtung, das für **alle** Objekte **gemeinsam** bestehen müssende **Ober**-Prinzip zu finden.
Ein Flugzeug kann nur fliegen, wenn es sich bewegt.

Deshalb wird Fliegen schon von Beginn an als dynamisch, jedoch im Sinne von kinetisch, bezeichnet. Das Gegenteil dazu ist der statische Flug eines Ballons. Eine Rakete fliegt sichtbar dadurch, daß sie Masse aus ihrem Bauch heraus nach unten stößt. Der Rückstoß daraus hält sie oben. Könnte ein Flugzeug ähnliches machen? Ja. Es könnte als Masse Luft mit seinen Flügeln greifen und diese nach unten stoßen. Das jedoch kann man nicht sehen, da Luft unsichtbar ist. Damit ist zu ermitteln, ob es so ist. Ist es so? Ja!

Im Windkanal wurde jedoch nie danach gesucht, die Vorväter fanden diese Frage gar nicht. Mathematisch denkende Aero`dynamiker´ leugnen bis heute noch einen kinetischen Eingriff in die Luft. Erst ganz aktuell ist mittels Rauch`wände´, durch die Original- wie Testmodellflugzeuge fliegen, sichtbar geworden, daß Flugzeuge Luft nach unten bewegen (Was die Lehre trotzdem weiterhin ignoriert). Damit ist aus übergeordneten Überlegungen schon das **Prinzip** des Fliegens erkannt. Und das schon, bevor die engeren Geschehensbewegungen und das natürliche Koordinatensystem bestimmt werden mußten. Welches dieser drei, Prinzip, Bewegung, Koordinatensystem, als erstes erkannt wird, werden kann, ist unbestimmt und je nach Geschehnis verschieden. Alle drei müssen aber abschließend geklärt sein. Für das Fliegen ist somit im Nachhinein zu ergänzen, was für Bewegungen gibt es und welches ist das natürliche Koordinatensystem.

Die Geschehensbeteiligten beim Fliegen sind nur das Flugzeug und die Luft. Wer bewegt sich? Natürlich das Flugzeug. Und die Luft? Nein. Aber, wenn Wind weht? Dann doch auch, oder? Dieses Problem ist für den menschlichen Geist ein äußerst schwieriges. Dieser ist nur so strukturiert, daß immer ein Partner von Naturgeschehnissen fix ist, mit der Erdoberfläche verbunden und nur der andere Bewegungen vollführt. Das ist hier nun nicht der Fall, sowohl das Flugzeug als auch die Luft können sich bewegen.

Um dieses Problem für das Fliegen zu lösen, folgende Beobachtungen. Startet ein Flugzeug, so muß es eine gewisse Mindestgeschwindigkeit haben, um abheben zu können. Diese muß gegenüber der Luft vorliegen. Flugzeuge haben deswegen keinen Auto-Tacho, der die Geschwindigkeit gegenüber der Startbahn anzeigt, sondern nur einen für die Geschwindigkeit gegenüber der Luft. Herrscht auf der Startbahn Gegenwind, so erreicht das Flugzeug die gegenüber der Luft erforderliche Geschwindigkeit früher, es muß gegenüber der Startbahn nicht so schnell sein. Herrscht Rückenwind, so muß das Flugzeug um die Rückenwindgeschwindigkeit schneller auf der Starbahn rollen, um gegenüber der Luft die erforderliche Geschwindigkeit zum Abheben zu haben. Aus diesem Grund starten selbst Großflugzeuge immer gegen den Wind, sie brauchen dabei eine kürzere Rollstrecke, was einerseits energiesparend und andererseits sicherer ist: es verbleibt eine längere Rollstrecke für Unvorhergesehenes wie auch einmal zum Bremsen für einen Startabbruch.

Daraus ergibt sich: für ein Flugzeug ist nur die Geschwindigkeit relevant, die es gegenüber der Luft besitzt. Die Luft ist der Bezugspunkt, das natürliche Koordinatensystem. Ein Flugzeug ist soundso schnell gegenüber der Luft.

Das beantwortet aber noch nicht direkt die Frage, wer bewegt sich: das Flugzeug oder die Luft? Bei Windstille ist alles klar: das Flugzeug. Bei Wind? Ebenfalls: immer bewegt sich das Flugzeug, *es* ist der aktive Partner, *es* muß *a*gieren, die Luft *re*agiert oder das Flugzeug stellt die Ursache, die Luft die Wirkung. Das Ergebnis: Fliegen ist ein relativer Vorgang unabhängig von der Erdoberfläche. Kausal für das Fliegenkönnen ist nur die Bewegung eines Flugzeuges gegenüber der Luft (nicht etwa umgekehrt!). Die Luft stellt das natürliche Koordinatensystem. Bei Wind verschiebt sich der **gesamte** physikalische Vorgang des Fliegens mit der Luftmasse über der Erdoberfläche. Das Koordinatensystem des Fliegens wandert also mit der Luftmasse mit.

Das Falsche der etablierten Bernoulli-Theorie stammt aus einem falschen Koordinatensystem, dem des Flugzeugs und der sich ihm gegenüber *scheinbar* bewegenden Luft, die der Windkanal als Luft*strömung* verkauft wird, obwohl diese nur den Fahrtwind repräsentiert. Weiter wurden die Newtonschen Kraft-Prinzipien nicht beachtet, obwohl sie für alle kinetisch entstehenden Kräfte gelten **müssen**.

Summarisch: alles nur Mögliche wurde bei der Erforschung der Physik des Fliegens falsch gemacht. Ursache dafür: ein für das Denken von menschlichen Gehirnen nur schwer einsichtiges relatives Geschehen und die Unsichtbarkeit der Luft. Desweiteren zeigt die Aerodynamik auch, daß für erfolgreiche Forschung die richtigen Fragen gefunden werden müssen.

Sind Theorien geboren, so müssen sie sich beweisen. Neben der Einhaltung **aller** Regeln der Physik sind von ihnen noch daraus entstehende spezifische Bedingungen zu erfüllen.

Theorien müssen Probleme lösen,
<u>ohne</u> neue zu eröffnen

Was heißt das? Wenn, wie schon erwähnt, Rolf Landua, sagte: "Wenn eine Tür als Neuerkenntnis geöffnet wird, tauchen weitere fünf verschlossene dahinter auf!", dann bedeutet nichts anderes, als daß die Beantwortung der Ursprungsfrage falsch war bzw. schon die Fragestellung und daß Forschung auf diesem Frageweg in die falsche Richtung läuft. Wie muß es richtig sein?

Theorien müssen mehr Fragen beantworten
als zu ihrer Findung führten

Nur das führt nach vorn, zur Konzentration auf übergeordnete Grundprinzipien. Der Landua's Äußerungen zu Grunde liegende Zustand der heutigen Physik bedeutet, daß zum Ende hin unendlich viele Theorien entstehen. Die Ursache dieser Theoriezersplitterung ist das falsche mathematische Paradigma der Physik. Am Ende muß Physik zu einem, alles in diesem Kosmos bestimmenden, Ur- oder Weltprinzip führen. Dieses und andere sind zu finden, mathematisch/technische Formalismen ergeben sich daraus von ganz allein. Die Aufgabe der Naturerkundung besteht darin, die Funktionismen von Naturgeschehnissen nach Prinzipien zu erkennen.

In Naturgeschehnissen sind Funktionsprinzipien zudem noch hierarchisch gestaffelt. Das führt zu einer weiteren Forderung an Theorien:

Theorien müssen Naturgeschehnisse von oben nach
unten erklären

Das Beispiel Fliegen dient auch hierzu. Das zuvor gefundene Grund- oder Oberprinzip des Fliegen ist das Rückstoßprinzip, kinetische Entstehung von Auftriebskraft durch abwärts stoßen von Luftmasse. Das nächst untere Prinzip der Flugtheorie besteht darin, daß eine angestellte Flügelfläche nach dem Prinzip der schiefen Ebene durch die Vorwärtsbewegung eines Flugzeuges Luft nach unten bewegt. Deshalb fällt ein Flugzeug ohne Vorwärtsbewegung gegenüber der Luft auch vom Himmel. Das nächst untere Prinzip sagt, daß abwärts bewegte Luft im freien Luftraum umgebende Luft verschieben muß. Das nächst untere Prinzip sagt, daß die nach unten gedrückte Luft woanders, das ist rundherum, Luft nach oben verdrängt. Das ist genau so, wie Schlamm durch einen nach unten einsinkenden Fuß rundherum nach oben quillt. Genau so quillt sogar **vor** einem Tragflügel Luft nach oben. Und in Folge über dem Flügel nach hinten. Das nächst untere Prinzip deckt auf, daß **nur** in der von einem Tragflügel real in Bewegung **versetzten** Luft oberhalb des Flügels ein Bernoullieffekt entstehen kann. Das geschieht aber erst **in Folge** der zuvor genannten kinetisch Auftrieb erzeugenden Geschehnisses, ist also nicht Ursache, sondern eine unbeabsichtigte Folgewirkung. Die bestehende Lehrtheorie über aerokinetisch entstehende Kräfte fußt dagegen auf einer Strömung, die es gar nicht gibt, auf dem Fahrtwind. Ihm und nicht nur der echten in Bewegung versetzten 'Hochquel-Luft' mit etwa nur 10% der Fluggeschwindigkeit wird der Bernoulli-Effekt zugeschrieben. Ursache: falsche Bewegungserkennung.

Wie sieht es bei anderen Flugobjekten aus? Bei einer Hummel sind die Verhältnisse verglichen mit einem Flugzeug in Flügelgröße und Gewicht sowie Fluggeschwindigkeit so ungünstig, daß die Erklärung ihres Fluges mit der Bernoullitheorie vollkommen versagt. Die Ironie von Aero'dynamikern': "Die Hummel kann nur deshalb fliegen, weil sie nichts von Aerodynamik versteht!" Wie fliegt die Hummel?

Selbstverständlich nach dem gleichen kinetischen Oberprinzip, dem Rückstoßprinzip, indem sie mit ihren Flügeln ebenfalls Luftmasse nach unten stößt. Nun aber nicht mehr nur stetig und elegant mittels des Prinzips der schiefen Ebene wie beim Flugzeug, sondern zyklisch entweder durch brutales flaches nach unten auf die Luft schlagen und senkrechtes hochziehen ihrer Flügel, wie es z. B. auch Tauben beim Start machen oder auch mittels schiefer Ebene durch vor und rückwärts schwenken der etwa 45° schräg angestellten Flügel, wie es Kolibris und sogar heimische Meisen machen. Daß dabei an den Flügeloberseiten die Luft in einen Zustand gerät, wie er bei Flugzeugen zum Absturz führt, zeigt auf, daß Luftkraft auch bei diesem nicht 'sauberen' Ergreifen der Luft

entsteht. Der Wert der Luftkraft ergibt sich beim Insekten-
flug mehr aus der Widerstandskraft, die durch das horizontale Durchziehen der Flügel mit etwa 45° Anstellung
senkrecht auf die Flügelflächen wirkt. Aus der Geometrie
ergibt sich daraus eine vertikal wirkende Auftriebskraft-
komponemte von 71%. Damit können die Hummeln und
alle anderen Insekten bequem fliegen.

Neben der Hummel gibt es noch ein `Fliegen´: das mit
Überschall. Ist das nicht das gleiche wie beim `normalen´
Fliegen? Nach dem Rückstoßprinzizp ja, nach der Ber-
noullitheorie nein! Sie versagt auch dabei.

Warum? Weil dabei die etwa 10prozentige Oberströmung
über dem Flügel gar nicht entstehen kann. Bei Überschall
kann keine Luft mehr vor dem Flügel hoch quellen. Es
besteht also für den Überschallflug eine besondere Theorie.
Es ist sogar die hier gefundene richtige: Luftmasse abwärts
stoßen. Die lehrmäßige Erklärung des Fliegens besteht aus
drei Theorien, eine für den Unterschallflug, eine für den
Überschallflug und eine unbekannte für den Hummelflug.
Das ist nach den Regeln der Physik nicht zulässig. Warum?
Weil ein gleichartiges Naturgeschehnis nur aus einem
gemeinsamen Oberprinzip entstehen kann, was eine weitere
Forderung an Theorien aufzeigt:

Theorien müssen <u>allgemeingültig</u> sein

Das heißt: für alle Flugobjekte, die kinetisch fliegen, darf
es nur eine einzige Grund-Theorie geben! Da Auftrieb eine
Kraft ist, die ein Flugobjekt oben hält, muß diese zudem
nach den Prinzipien entstehen, die Newton für kinetisch
entstehende Kräfte gefunden hat. Das ist nach der Physik-
regel Nr. 3 zwingend: `Für Naturprinzipien gibt es keine
Ausnahmen´. Damit sind alle anderen Theorien für das
Fliegen, die Bernoulli- wie die neumodische Coanda-
Effekt-Theorie, definitiv falsch. Hätte Bernoulli noch
gelebt, hätte er sowieso sein Veto gegen die `Bernoulli-

Theorie eingelegt. Flugtheorien dürfen die Newtonschen Kraft-Prinzipien weder umgehen noch ersetzen. Das würde letztlich die gesamte Newtonsche Physik aushebeln. Aero- und Fluid-Kinetik sind nur das Gegeneinanderwirken eines festen Körpers mit der Summe vieler kleiner Festkörper von Gasen und Fluiden, ihrer Moleküle. Aero- bzw. Fluid-Kinetik ist nur ein ganz kleiner Teil im Bereich der Mechanik der Newtonschen Physik, durch viele immer noch bestehende Undurchschaubarkeiten aber so aufgebläht, daß sie sich als Sonderphysik etabliert hat. Aber: auch die Physik muß allgemeingültig sein: es gibt keine Natur neben der Natur!

Wann ist eine Theorie richtig, wann falsch? Dafür gibt es mehrere gleichwertige Kriterium:

**Allgemeingültigkeit,
Nachfolgeproblemfreiheit,
keine Fragen offenlassend.**

Falsch ist eine Theorie immer nicht nur ein bißchen, sondern total, in ihrem obersten Grundprinzip. Theorien sind grundsätzlich nicht verbesserbar. Selbst ein bißchen falsch hat für sie gleich gravierende Folgen wie ein bißchen schwanger für eine Frau. Eine einzige unbeantwortbare Frage entlarvt eine Theorie als vom Grundprinzip gänzlich falsch. Die scheinbare Unmöglichkeit, nachfolgeproblemfreie Theorien, also Wahrheiten, zu finden, führte dazu, sie gar nicht mehr zu suchen. Man ist mit den für die Technik brauchbaren aber physikalisch oft falschen Theorien zufrieden.

Dazu noch einmal das Beispiel Fliegen. Die heutige Theorie über das Fliegen besitzt überhaupt kein oberstes Wirkprinzip. Der Bernoulli- oder der Coandaeffekt sind keine Prinzipien, sondern ebenfalls zu erklärende Naturgeschehnisse. Das bedeutendste Nachfolgeproblem der

Bernoullitheorie neben einer Vielzahl anderer ist: warum kann eine Hummel fliegen? Jede die Hummel nicht einschließende Flugtheorie ist definitiv und in Gänze falsch. Was ist das natürliche Koordinatensystem für fliegende Objekte? Es ist die Luft in dem Zustand, den sie am Ort des fliegenden Objektes vor dessen Durchflug besitzt. Das Prinzip der Luftkraftentstehung ist das Rückstoßprinzip. Luft wird aus dem Zustand heraus beschleunigt, den sie ansonsten beibehalten hätte. Die invariante physikalische Größe des kinetischen Fluges ist die Geschwindigkeit, die ein Objekt der Luft gegenüber ihrem zuvorigen Zustand erteilt.
(Aerokinetik vom Autor siehe in www.flugtheorie.de im Internet.)

Daß physikalische Theorien entweder richtig oder **grundsätzlich** falsch sind, bestätigt indirekt auch Karl Popper, österreichischer Physik-Philosoph: *„Physik ist revolutionär, neue Theorien **ersetzen** alte“*. Das steht im Widerspruch zum bisherigen Paradigma, Physik sei kumulativ, wie es Bacon Verulam und Sir James Jeans vertraten, daß Theorien verbesser- oder erweiterbar wären. Sind sie nicht!

**Eine neue Theorie entwertet
die entsprechende alte in Gänze**

Falsche Theorien verraten sich aber noch durch etwas anderes, ganz und gar unphysikalisches:

**Richtiges ist in einem Satz ausdrückbar
Falsches ist kompliziert und füllt Bände**

Newtons drei Prinzipien, das sind einfachste Sätze, bestimmen die Mechanik im gesamten Kosmos. Bücher zu ihrem Verständnis sind nicht erforderlich, die Sätze sind selbsterklärend. Einsteins allgemeine Relativitätstheorie für nur ein einziges Geschehnis, die Gravitation, füllt dagegen ganze Regale. Wie sich noch zeigen wird, ist sie physikalisch leer, hohl, besitzt keine einzige Aussage über einen Funktionismus der Natur. Sie zeigt aber trotzdem **Äußerlichkeiten** gravitativer Naturgeschehnisse quantitativ richtig auf.

Die heutige Aerodynamik kann mit ihrer ebenfalls regalfüllenden Komplexität in Grundschulen gar nicht gelehrt werden. Dabei ist das wahre Naturprinzip des Fliegens doch so einfach.

Warum kann die Physik mit so vielen falschen Theorien leben? Sie lebt auch nicht, sondern vegetiert unterhalb der ausnehmend gut funktionierenden Technik, von der Dampfmaschine bis zur Raumfahrt. Technische Formeln stammen häufig nicht von physikalischen Theorien, in der Aerodynamik sogar **ausschließlich** nur aus Experimenten mit darauf aufgesetzten angepaßten Theorien. Solche Theorien dienen nur als vordergründige Erklärungen für Frager. Niemand **hinter**fragt jedoch. Man kann damit leben, zumal die Findung der richtigen Physik schwierig und eher brotlos ist. Für die Lehre gibt es da noch viel zu tun. Physikalische Leerstellen sind mathematisch praxisorientiert überdeckt und stützen eine äußerst erfolgreiche Technik. Physik will aber wissen, was wirklich dahinter steckt: Warum fliegt ein Flugzeug? Warum fallen wir zu Boden? Eine Wissenschaft Physik darf sich nur damit beschäftigen.

Nur die Findung <u>alle</u> Fragen beantworten könnende Theorien in ihrem Geltungsbereich ist Wissensfortschritt

Voraussetzung für Theoriefindungen ist, daß die richtigen Grundprinzipien der Naturgeschehnisse erkannt wurden. Ohne sie können keine richtigen Theorien entstehen. Das heißt auch: ohne die Findung des Prinzips der Gravitation

kann der Kosmos gar nicht verstanden werden können.
Alle heutigen Aussagen über den Kosmos sind damit nicht nur unbewiesen, sondern gänzlich falsch. Trotzdem sind, wie für andere Erscheinungen der Natur ohne Kenntnis ihrer Entstehungen auch, richtige Rechnungen in ihm möglich. Das bringt aber keinerlei Hilfen für Erkenntnisgewinnungen. Im Gegenteil: es führt zu Irrwegen.

Zum Abschluß die für die jetzige Zeit wohl wichtigste Erkenntnis:

**Mathematische Stimmigkeiten sind weder Beweise für Richtig- noch Unrichtigkeiten von Theorien.
Sie sind physikalisch nicht verwertbar.**

Wie findet sich das Welt-Prinzip?
Für jedes einzelne Naturgeschehnis ist **für sich allein** die abschließende, also nachfolgeproblemfreie, Erklärung zu finden. In mehreren Geschehnissen enthaltene gleiche Prinzipien werden zu Oberprinzipien. Letztere führen weiter zu noch höheren Prinzipien usw. bis zum letzten einen, dem vermutlich findbaren Weltprinzip.

Die Nomenklatur in der Physik

Zunächst ist Natur für den Menschen das materiell Greifbare in drei Dimensionen. Dann das Sicht- und Fühlbare, z. B: Temperatur, Helligkeit. Dann das Unsicht- und Unfühlbare, aber dennoch Wirksame und damit auch Meßbare wie z. B. unsichtbare Licht- und radioaktive Strahlung. Dann das Bewegte, bei dem sich der Einfluß der Zeit zeigt.

Um das zuvor Aufgezählte beschreiben zu können, die Natur sozusagen geistig `anfaßbar´ zu machen, haben sich Begriffe gefunden, die das bewerkstelligen. Es sind Begriffe für *physikalische Größen* als Fachsprache, die jedoch die in der Umgangssprache gebräuchlichen sind, da der Mensch ja in und mit der Natur lebt. Alle diese Begriffe **müssen** aber eindeutig definiert sein.

Was unter *Physik* und *Naturgeschehen* zu verstehen ist, ist bereits dargestellt. Es folgen die Begriffe **Gesetze, Prinzipien, Theorien, Größen, physikalische Werte, Zeit, Masse, Materie und Aerokinetik**.

Gesetze sind in der Physik Gegebenheiten, die die Natur uns einfach aufoktroyiert. Sie sind einzig Feststellungen, daß etwas soundso agiert oder reagiert. Sie umgeben im Bild der Physik (Ste. 40) den unbekannten Kern des noch zu Findenden bis zum Letztgesuchten, dem Weltprinzip. Physikalische Gesetze sind z. B.: Materie ist träge und Materie geht aufeinander zu, aber auch: bewegte Materie unterliegt einer Zeitdilatation. Auch hier die Frage, warum? Was passiert da? Gesetze sind die Benennungen von bekanntem Unbekanntem.
Newtons drei Gesetze sind ebensowenig Gesetze wie nach Richard Feynman in seinem Buch `Vom Wesen physikalischer Gesetze´ die Gravitations-Kraft-**Formel** ein Gesetz sei. Das ist genau so falsch, wie der Titel seines Buches gemeint ist. Weder Funktionsprinzipien noch gar

mathematische Formeln sind physikalische Gesetze. Naturgesetze werden, wenn ihre Verursachungen gefunden sind, zu Prinzipien. Zeitdilatation und Gravitation werden im Folgenden noch eingehend behandelt und so weit geklärt, daß sie zu Prinzipien werden.

Prinzipien sind die Beschreibungen dessen, welchen Vorgaben natürliche Geschehnisse gehorchen. Ein Prinzip ist z. B. `Kraft ist gleich Gegenkraft´: eine Kraft entsteht erst daraus, daß ihr eine gleich große entgegen wächst. Kann eine Gegenkraft nicht entstehen, so baut sich auch eine Kraft nicht auf. Geht ein Boxschlag auf einen Gegner, der mit der Geschwindigkeit des Schlages zurückweicht, so kann die Faust trotz Berührung keinen Druck auf ihn ausüben. Wäre weiter Masse trägheitslos, würden wir mit jedem auf uns ausgeübten Schlag ohne Kraftempfindung mit dessen Geschwindigkeit weg katapultiert. Nur die visuelle Beobachtung würde erkennen lassen, daß wir wegflögen. Daraus zeigt sich ein anderes Naturprinzip: nur die Trägheit von Massen erzeugt kinetisch Kräfte. Prinzipien sind Naturgeschehnisse bestimmende Funktionismen. Ihre Findungen sind Hauptaufgabe der Physik.

Theorien sind Erklärungen, wie Naturgeschehnisse ablaufen. Sie benötigen dazu zwingend Naturprinzipien. Die richtige Theorie des Fliegens besagt z. B.: ein Flugzeug bleibt deshalb oben, weil es mit seinen Flügeln Luftmasse nach unten beschleunigt. Daraus entsteht eine Reaktionskraft nach oben, der Auftrieb. Ein Flugzeug fliegt nach dem kinetischen Rückstoßprinzip. Diese Theorie erfüllt auch die Newtonschen Kraftgesetze, an denen keine Theorie für Kraftentstehungen vorbei kommen kann und: sie ist nachfolgeproblemfrei, deshalb richtig.
Theorien sind die verbalen Formulierungen, die die Ansätze für mathematische Beschreibungen der Ursache-Wirkungs-Abläufe von Naturgeschehnissen in sich tragen.

Rückfolgerungen aus mathematischen Formulierungen zu richtigen physikalischen Interpretationen sind dagegen so gut wie nicht möglich.

Physikalische Größen sind im Gegensatz zu mathematischen Größen keine quantitativen, sondern geistig inhaltliche. Das sind im allerwesentlichsten Länge, Masse, elektrische Ladung, Kraft und natürlich Zeit. Sie sind eindeutig zu definieren, sonst entsteht Pseudo-, also unwahre Physik. Länge als fundamentalste Größe der Natur hat die Dimension Meter. Meter ist als eine Distanz zwischen zwei Punkten definiert. Masse ist eine Menge von Materie. Materie ist? Unbekannt. Ladung ist? Unbekannt! Ein Elektron und ein Proton haben eine Ladung aber, was ist sie? Was ist Kraft? Das sind Beispiele für konkrete Dinge der Natur, die noch nicht definiert sind, da auch unbekannt. Außer ihrer Existenz läßt sich bisher nichts weiteres sagen. Es gibt aber auch Größen der Natur, die definiert sein könnten, es aus unerfindlichen Gründen aber noch nicht sind. Zeit ist noch nicht definiert, nur eine Zeiteinheit als diskreter `Abstand´ des Wartens auf einen periodisch immerwährend wiederkehrenden gleichen Zustand eines Geschehens. Das kann die Erdrotation sein, auf der ein Punkt auf der Erdoberfläche immer wieder in gleiche Richtung zu z. B. der Sonne oder Sternen kommt oder die Unruhe in einer mechanischen Uhr oder die Zeit-`Distanz´, in der soundso viele Schwingungen eines Lichts eine Ebene durchlaufen oder ein Elektron, das sich (modellhaft) einmal um einen Atomkern dreht.
Und: selbst ganz untergeordnete physikalische Größen sind noch nicht definiert: Strömung: was ist das? Fahrtwind ist keine! Fahrtwind als Strömung zu benutzen, führte zur größten Pseudophysik in der Mechanik, zur Bernoulli-Aero`dynamik' anstelle der richtigen Aero-Kinetik.

Physikalische Werte. Physikalische Werte bestehen im

Gegensatz zu mathematischen immer aus zwei Teilen, einem Zähl-Wert und einer Dimension. Diese bestimmt, was da gezählt wird. Meter für Länge und Sekunde für Zeit sind die gesichertsten Dimensionen. Masse ist eine Mengenbezeichnung, ein Wieviel. Aber, von was? Von Materie. Gramm als deren Dimension ist nur ein willkürliches Wort. Materie und Masse sind wesensunterschiedlich: Materie ist ein Ding, Masse eine Menge von einem Ding. Diese fundamentalen Unterschiede treten durch die heutige Terminologie gar nicht mehr zutage. Ist das in Ordnung? Ampere ist eine definierte Größe, Anzahl von Elektronen, die pro Zeiteinheit einen Querschnitt durchwandern. Volt? Schon wieder ein Problem. Was ist eine Ladung, die eines Elektrons oder Protons? Coulomb ist die Füllung eines ‵Eimers′ (Kondensators) mit Elektronen bzw. Ionen, also eine Anzahl. Was aber ist das?

Bei der Definition konkreter physikalischer Begriffe liegt noch einiges im Argen. Beginnen wir ein paar noch undefinierte zu definieren.

Zeit: was ist das? Die Definition einer Sekunde ist eine Definition ihrer Einheitsmenge, nicht aber eine über ihr Wesen, ihres physikalischen ‵Inhalts′. Zeit ist keine philosophische Sache, sondern eine physikalisch sehr konkrete und benennbare.
Bekannt ist bisher nur, was der Zeit**gang** ist, also wie schnell die Zeit abläuft. Am fundamentalsten ist der Zeit**gang** als eine Umdrehung eines Elektrons um seinen Atomkern zu bezeichnen. Zeit selbst ist etwas anderes:

Zeit ist Änderung

Ändert sich nichts, gibt es keine Zeit. Die Änderung als z. B: eine Umdrehung eines Elektrons um seinen Atomkern

<u>ist</u> die Zeit!

Diese Definition hat eine unmittelbare Auswirkung, die bisher nicht beachtet wird: Zeit als physikalische Größe ist an Materie gebunden. Nur an ihr sind Änderungen möglich und nachweisbar. Nichtmaterielles könnte Zeit auch darstellen, aber, wodurch entsteht z. B. Strahlung? Durch Materie. Die Konsequenz: eine `Raum´-Zeit kann es in einem **leeren** geometrischen Raum in der Natur schon definitionsbedingt nicht geben.

Daß Einstein eine `Raum´-Zeit erfinden konnte (es gibt sie nicht), beruhte wesentlich darauf, daß Zeit nicht definiert war.

Der Ablauf der Zeit in einem Objekt unterliegt einer Verlangsamung, wenn sich das Objekt bewegt. Wobei selbstverständlich das alte Problem wieder auftaucht: wem gegenüber bewegt es sich? Die Zeitgangverlangsamung wird mit **Zeitdilatation** benannt und im folgenden Kapitel erklärt. Ist ein Objekt in Ruhe, verläuft die Zeit in ihm mit einem bestimmten Höchstwert. Dieser schnellst mögliche Zeitablauf wird hier mit **Null-Zeit** bezeichnet. Bei der Null-Zeit ist die Zeitdilatation Null. Die Null-Zeit ist eine Konstante des Kosmos. Sie ist Basis für absolute Messungen, etwa des **absoluten** Lichtgeschwindigkeitswertes.

Kraft: was ist das? Kraft entsteht nach Schullehre durch Masse mal Beschleunigung. Aus Newtons Postulation von Impulsänderung pro Zeit ergeben sich jedoch zwei gleichberechtigt nebeneinander bestehende Formeln, die vorgenannte, wobei die Masse konstant ist und Massendurchfluß mal Geschwindigkeit. Z. B. fließt aus einer Raketenbrennkammer eine bestimmte Menge an Materie pro Sekunde mit einer bestimmten Geschwindigkeit. Die entstehende Kraft ist der Schub des Raketenmotors.

Eine "dynamische" Kraft gibt es nicht. Das heißt nämlich übersetzt "kraftliche" Kraft. Kräfte entstehen kinetisch. Aber schon Newton machte einen Fehler. Kinetische Kraft entsteht weder durch Masse noch durch Materie, sondern

durch die Trägheit, die die Materie besitzt. Beim freien Fall stellt Materie ihrer Beschleunigung aber keine Trägheit, damit auch keine Kraft, entgegen. Darüber und auch über mögliche Änderungen der Trägheit gegenüber der Masse später mehr.
Kraft existiert jedoch nicht nur aus kinetischer Ursache nach Newton, sondern auch statisch, körperlich wie technisch.

Eine Definition für Kraft, Newtonsche wie statische, kann hier leider auch nicht geliefert werden. Trotzdem muß so gut es geht eine Definition bestimmt werden, denn ohne eine ist es noch schlimmer. Damit ein Versuch, um wenigstens ein gewisses Mindestverständnis über das Wesen von Kraft zu erlangen:

"Kraft ist das Bestreben zweier Körper, ineinander eindringen bzw. von Teilen eines Körpers, sich vom anderen trennen zu wollen."

Das hat zur Folge:
erstens: zwei Körper müssen sich berühren,
zweitens: ohne Berührung muß ein dingliches Mittelsmedium existieren. Als magnetisches und elektrisches Feld existieren tatsächlich welche. Das Mittelsmedium muß jedoch für **sich allein** nachweisbar sein, also noch andere Wechselwirkungen in der Natur besitzen, mit denen es nachgewiesen werden kann. Ein Kraft`feld´ oder eine Fernwirkung von Kraft wie z. B. für die Gravitation zu erfinden, bleibt auch dann Pseudophysik, wenn mathematische Rechnungen damit zu richtigen Ergebnissen führen.
drittens: *eine* Kraft gibt es nicht. In jedem Fall bestehen Kraft und Gegenkraft.

Der mechanische Kraftbegriff wird unzulässigerweise auch für anderes benutzt. Eine `Kraft´ soll Kernbausteine in Atomen zusammenhalten, da diese sich auf Grund ihrer gleichartigen Ladungen gegeneinander abstoßen. Weiter um eine, die im Zusammenhang mit Radioaktivität wirken soll und mit schwache Wechselwirkung im Gegensatz zur starken bei den Atomkernbausteinen bezeichnet wird.

Eine vierte Kraft solle die Gravitationskraft sein. Für sie gibt es jedoch trotz intensivster Suche noch nicht einen winzigsten Ansatz dafür, wie man sie sich vorstellen könnte. Einstein versuchte bis zu seinem Lebensende, die elektromagnetische und die gravitative Kraft zu vereinigen, ohne Kenntnisse darüber zu besitzen, was denn eine elektromagnetische oder eine gravitative Kraft sei. Das ist zudem höchst verwunderlich, weil seine eigene allgemeine Relativitätstheorie eine Kraft für gravitative Wirkungen gar nicht enthält.

Masse und Materie

Beide werden benutzt. Wann die eine? Wann die andere? Wer entscheidet das? Ihre Definitionen! Wie lauten diese? Wieder ein Fall `vergessener´ bzw. gar falscher Definitionen.

Für die korrekte Ansprache von Materie gilt: "Drei kg Materie". "Drei kg" wird aber auch als `Masse´ benutzt. `Masse´ als ein separates Ding, obwohl es nur das Mehrfache eines anderen Dinges ist. Das ist in der Physik ein Novum. Warum wird richtigerweise dafür nicht Materie benutzt? Drei kg Äpfel sind eine bestimmte Menge Äpfel. Drei kg Materie sind jedoch nicht mehr eine Menge Materie, sondern plötzlich eine `Masse´! Diese Art Verwurstelung der Sprache ist für die Physik tödlich.

Aerokinetik

Aerokinetik wird fälschlicherweise mit Aero`dynamik´ (Luft`kraft´) bezeichnet, die auf einen Kraft-Begriff ausgerichtet ist. Genau so wenig aber, wie in der Mathematik nicht 3 für 4 gesagt werden kann, kann in der Physik nicht Dynamik für Kinetik gesagt werden. Aero-**Kinetik** bezeichnet die Gesamtheit mechanischer Bewegungsvorgänge der Luft. Diese sind auch physikalische Grundlage des Fliegens. Begriffe für Wissenschafts-, das sind Denkbereiche, müssen deren Wesen als *Denk*-begriff beinhalten. Der Begriff Aero-'Dynamik' kann weder Name für den speziellen Entstehungsvorgang einer Luftkraft sein noch gar Bezeichnung für das gesamte aus Strömungsbildungen, Wirbeln, Luftwiderständen, Luftverhaltensweisen aus ihrer Trägheit und Zähigkeit und anderem.

Eine Wissenschaftsbezeichnung **muß** attributhafte Aussagen ermöglichen wie z. B.: durch aero*kinetische* Vorgänge entstehen Luftkräfte, was bei aero'*dynamische*' (-'kraftliche') Unsinn aufzeigt. Aero-Kinetik heißt, in mechanischen Luftbewegungen zu denken wie Veränderungen von Luftbewegungen mittels Beschleunigungen durch Einwirkungen von Körperoberflächen. Falsche Bezeichnungen führen zu falschem Denken: wie man spricht, so denkt man. Physik bedarf der Einhaltung einer terminologisch pedantisch exakt bestimmten Sprache. **Nur sie** kann den Determinismus der Natur widerspiegeln. Falsche Sprache, falsche Physik! Die in der Physik bestehende schlampige Sprache ist mit eine der wesentlichen Ursache für den heutigen Stillstand physikalischer Forschung.

Sprache hat für ihre inhaltliche Ausdrucksgestaltung die gleiche Logik wie die Natur für die Funktionismen ihrer Geschehnisse

Die Einhaltung physikalisch definierter Sprachregelungen mit definierten Begriffen in der Physik entspricht der Einhaltung algebraischer Regeln in der Mathematik.

Zeitdilatation

Da gibt es etwas, das überhaupt nicht in die vorstellbare Naturlandschaft paßt. Es ist auch kein Bestandteil der Newtonschen Physik, beeinflußt diese aber nicht nur, sondern ohne dieses Etwas gäbe es sie überhaupt nicht. Dieses Etwas wurde bei hohen bis höchsten Geschwindigkeiten im Vergleich zur Lichtgeschwindigkeit entdeckt. Ohne zu wissen, was es ist, ist es trotzdem schon mathematisch/technisch händelbar. Joseph Larmor (1857-1942) veröffentlichte 1897, zwei Jahre vor Hendrik Antoon Lorentz, eine Umrechnung für Geschehensabläufe von einem Zeitgang in einen anderen. Joseph Larmor sagte damit mögliche Zeitablaufänderungen in der Natur voraus.

Daß es unterschiedliche Zeitabläufe tatsächlich gibt, macht diese Rechnungen nützlich. Der Umrechnungsfaktor darin ist der sogenannte ʻ**relativistische Faktor**ʻ. Er ist Kern der später nach Lorentz benannten sogenannten Lorentz-Transformation. Dieser Faktor beziffert einen **allgemeinen** Effekt in der Natur, die Zeit-Verlangsamung, **Zeit-Dilatation**, genannt wird. Der Begriff 'Effekt' versteht sich hierbei genau so real, wie Materie den Effekt hat träge zu sein.

Zeitdilatation ist die Erscheinung, daß Naturvorgänge um so langsamer ablaufen, je schneller sich die daran beteiligten Objekte gemeinsam bewegen.

Die Entdeckung der Zeitdilatation in der Natur ist ein Volltreffer in der Naturerkundung

Zeitdilatation wurde am Myon, einem in der oberen Atmosphäre durch die Strahlung der Sonne entstehenden Teilchen, eindeutig nachgewiesen. Dieses Myon ist radioaktiv. Dieser radioaktive Zustand hält aber nur eine ganz kurze Zeit an. Die ist so kurz, daß es die Reise aus der Höhe bis zum Erdboden hinab nicht überleben würde, selbst nicht bei fast Lichtgeschwindigkeit. Es würde durch seinen zwischenzeitlichen radioaktiven Zerfall als normales Elektron unbemerkt hier unten eintreffen. Es kommen aber Myonen hier unten an, nach einer zigfach längeren Reisezeit, als sie leben.

Warum?

Weil **im** Myon die Zeit langsamer läuft. Warum? Weil es sich schnell bewegt. Das Myon in sich lebt nach **seiner** Uhr zwar nur **seine** kurze Zeit, aber: von **uns** aus betrachtet, die wir nicht seine hohe Geschwindigkeit besitzen, etwas unter der Lichtgeschwindigkeit, lebt es länger, gedehnt wie in Zeitlupe.

Wenn wir das Myon auf seiner Reise von oben nach unten begleiten würden, also ebenfalls dessen Geschwindigkeit besäßen, würden wir auch an unserer Uhr feststellen, daß es wirklich nur seine kurze Zeit lebt. Ein Kollege am Boden mit **seiner** Uhr würde dann aber feststellen, daß auch wir länger unterwegs waren als es unsere Uhr sagt.

Warum wäre das so? Weil wir dabei die gleiche Zeitdilatation wie das Myon besäßen und damit unsere Uhr ebenfalls langsamer geht.

Zeitdilatation ist eine Sache, die mangels Erfahrungen mit ihr nicht verstanden wird. Man kann damit nichts anfangen, obwohl es Bemühungen gibt, sie zu popularisieren. Uhren werden von Flugzeugen mit genommen oder auf hohe Berge gestellt, um aufzuzeigen, daß sie dort langsamer gehen, was aber trotz langer Meßzeit von Tagen erst kleinste Unterschiede aufzeigt.

Die bestehende Ungläubigkeit darüber, ob es Zeitdilatation tatsächlich gibt, ist noch weit verbreitet. Für die Uhren in den Satelliten des JPS-Navigationssystems, die auf Grund der Geschwindigkeiten ihrer Satelliten einer geringen Zeitdilatation unterliegen, wurde von ihren Entwicklern aus Angst ein Schalter eingebaut, um, wenn die Zeitdilatation nicht eintritt, von der Erde aus auf unsere ´normale´ Zeit umschalten zu können. Der Schalter wurde nicht benötigt, die Rechnungen mit der Zeitdilatation stimmten. Daß allerdings das Navigationssystem mit diesen etwas langsamer gehenden Uhren nur deshalb funktioniere, weil es Einstein bzw. seine Relativitätstheorien gibt, ist ein Ammenmärchen: ohne die Zeitdilatation würde es nach Newtonscher Physik noch besser funktionieren. Korrekturen sind zudem aus anderen Gründen täglich erforderlich. Das JPS funktioniert also **trotz** Einstein. Diese `Ente´ ist nur aus dem Grund geboren, um der Öffentlichkeit endlich auch einmal etwas Praktisches von den Relativitätstheorien anbieten zu können. Gut gemeint, aber, muß man dazu die Unwahrheit sagen?

Eine Erklärung, was Zeitdilatation **nicht** ist, soll helfen, ein Verständnis zu entwickeln.
Man beobachte als Gedankenexperiment die Sekunden-`Ticks´ einer Uhr in einem Raumschiff, welches sich von uns entfernt Da jeder Sekunden-Tick durch die in jeder Sekunde größer gewordene Entfernung später hier ankommt, stellen wir fest, daß aus unserer Sicht die Raumschiffuhr langsamer geht. Aber, die Uhr im Raumschiff geht nicht tatsächlich langsamer, wir detektieren es nur so. Es ist nichts anderes als das, was mit dem Dopplereffekt bezeichnet wird: eine Frequenzverringerung durch die Differenzgeschwindigkeit zwischen einem sich weg bewegenden Sender und dem hier ruhenden Empfänger.

Während der Rückreise des Raumschiffes würden die Sekunden-Ticks in dann kürzeren Abständen bei uns eintreffen. Nach der Landung des Raumschiffes auf der Erde würde damit seine Uhr wieder die gleiche Zeit anzeigen wie die Uhren auf der Erde.
In Wirklichkeit tut die Raumschiffuhr das aber nicht: sie geht im bewegten Raumschiff tatsächlich langsamer! Die Beobachtung der Sekunden-Ticks von der Erde aus würde ergeben, daß beim Wegflug die Ticks nicht nur um die Zeit

später bei uns eintreffen, die die größer werdende Entfernung verursacht, sondern darüber hinaus noch später. Beim Rückflug würden die Sekunden-Ticks nicht so viel früher eintreffen, als es die Verkürzung der Entfernung verursacht. Nach der Landung des Raumschiffes würde dessen Uhr nachgehen. Im Raumschiff wäre noch nicht so viel Zeit vergangen wie hier.

Im Fernsehen werden manchmal Aufnahmen gezeigt, die den Aufprall eines schönen neuen Autos für Sicherheitsuntersuchungen zeigen. Dabei ist zuweilen auch eine Uhr mit im Bild, die mit einem schnell laufenden großen Zeiger bestückt ist. Dessen Umdrehungszahl ist (dem Autor unbekannt) möglicherweise einhundert mal pro Sekunde. Eine volle Zeigerumdrehung entspricht dann einer hundertstel Sekunde. Durch die Zeitlupenabspielung des Films läuft dieser Zeiger dann so langsam, daß tausendstel Sekunden beobachtbar werden, so daß für solch kurze Zeiträume die Verformungen am Auto beobachtet werden können.
Nun stelle man sich vor, dieser Auto-Aufprall würde in einem großen Raumschiff stattfinden. Dieses hätte eine Geschwindigkeit nahe der Lichtgeschwindigkeit in der Höhe, daß die Uhren genau so langsam gehen wie in der Zeitlupe des Films. Hätten wir die Möglichkeit, das Auto im Raumschiff von hier aus zu beobachten, so sähen wir, daß es sich quälend langsam vorwärts bewegt, trotzdem aber Zerstörungen erfährt, die sonst nur eine höhere Geschwindigkeit verursachen könnte. Aber; der Tacho im Auto im Raumschiff zeigt genau diese höhere Geschwindigkeit an! Warum? Er funktioniert mit der langsameren Zeit, die im Raumschiff tatsächlich abläuft.

Einstein benutzte für die Beschreibung der Zeitdilatation (erklären konnte er sie nicht) ein Zwillingspaar. Eines der beiden Zwillinge reist in einem schnellen Raumschiff. Das andere verbleibt auf der Erde. Kehrt das reisende nach längerer Zeit zur Erde zurück, ist es nicht so weit gealtert wie das hier gebliebene.

Wie läßt sich Zeitdilatation erklären?
Die Schulerklärung der Zeitdilatation erfolgt mittels einer Lichtuhr, die als Gedankenexperiment wie folgt funktionieren soll. Zwischen zwei übereinander angeordneten Spiegeln pendele ein Lichtpunkt, ein Photonenhaufen, rauf und runter, siehe Skizze. Der Lichtpunkt stellt die Unruh für diese Lichtuhr dar.
Die Uhr bewege sich nach rechts und ist in drei Positionen gezeichnet.

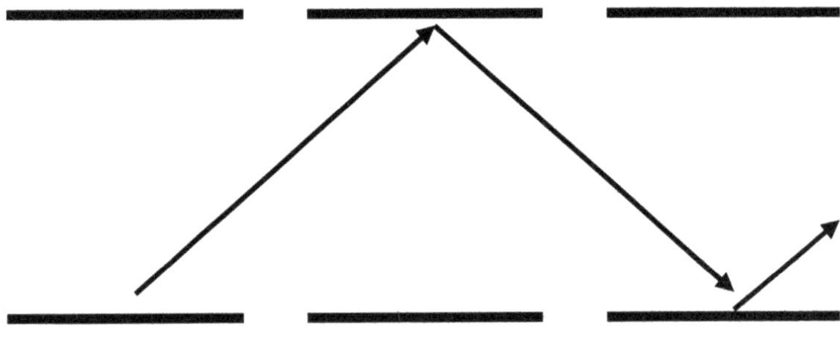

Durch die seitliche Bewegung der Uhr benötige der Lichtpunkt zwischen den Spiegeln eine längere Zeit, da sich der Weg durch die Schräge der Bahn ja vergrößert. Die Uhr gehe somit langsamer. So sieht es ein ruhender Beobachter, der den Lichtpunkt der Uhr z. B. auf einem fahrenden Zug sähe. Die mathematische Beschreibung der vom ruhenden Beobachter gesehenen geometrisch bedingten Verlangsamung der Uhr führt sogar zu dem relativistischen Faktor, der die Zeitdilatation beziffert. Nach dem von Galilei initiierten mathematischen Paradigma für Physik scheint damit `alles geklärt´. Das ist es allerdings genau so wenig, wie die Fallbeschleunigungs- und Gravitationskraftformel nicht zur Klärung des Funktionismusses der Gravitation führen.

Überprüfen wir diese Lichtuhr mit dem physikalischen Forschungsparadigma, der Kriminalistik.
Bewegen sich die Spiegel seitlich, so weiß der Lichtpunkt der Uhr, der Photonenhaufen, das ja gar nicht. Er trifft dann auch seitlich vom zuvorigen Treffpunkt auf den Spiegelflächen auf. Haben die sich weit genug zur Seite weg bewegt, entflieht der Lichtpunkt nach unten oder oben. Es würde also eine gute Fee benötigt, die den Lichtstrahl dahin lenkt, wo sich der jeweils gegenüberliegende Spiegel befindet. Damit kann man das nun glauben oder auch nicht. Nun muß in der Physik aber noch mehr stimmen als nur eine Annahme: Ein Versuch allein kann sich nicht selbst beweisen. Es ist also ein Kontrollexperiment erforderlich. Machen wir das als ebenfalls reines Gedankenexperiment.

Wie funktioniert diese Uhr, wenn sie nicht seitlich, sondern nach oben bzw. unten bewegt wird? Zeitdilatation findet in jeder Richtung statt. Die Lage einer Uhr hat keinen Einfluß auf die Zeitdilatation. Ein Experiment, auch ein Gedankenexperiment wie hier, so aufzubauen bzw. auszurichten, daß etwas Gewünschtes dabei heraus kommt, ist Pseudophysik. (Auch in der Aerokinetik führt die falsche Bernoullitheorie nur in einer ganz bestimmten `Sonntags´-Lage eines Flügelprofils zum Erklärungserfolg.)

Damit taucht schon wieder das allgemeine Problem von richtiger Bewegungserkennung auf. Die Optik eines Beobachters ist ja erst dann richtig, wenn sie im natürlichen Koordinatensystem stattfindet. Nur darin zeigen sich **im Beobachteten** die wirklich ablaufenden Funktionismen. Und, ob eine Uhr von einem ruhenden oder mit bewegenden Beobachter gesehen wird, kann und darf gar keinen Einfluß auf ihren Lauf haben. Ob eine Uhr durch Bewegung ihren Zeitgang ändert, ist keine Frage der Beobachtung, sondern nur eine der Uhr und **ihrer** Bewegung. Sie muß selbst wissen, ob und wie schnell sie sich bewegt!

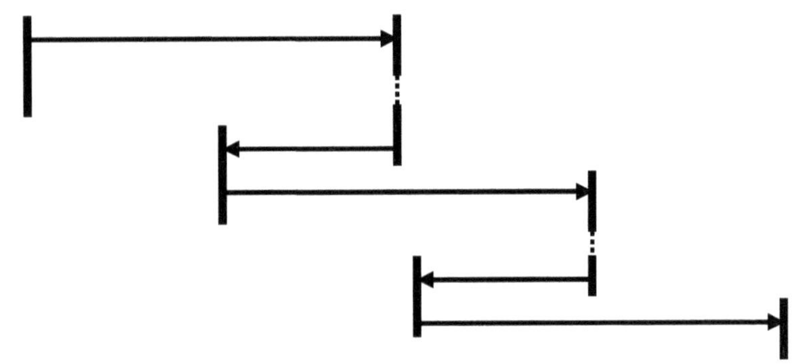

Die Lichtuhr mit einer Bewegung
senkrecht zu den Spiegelflächen

Die Uhr wurde gegenüber dem vorigen Bild um 90° gedreht, die Bewegungsrichtung bleibt nach rechts.

Bei dieser Bewegung wird der Weg vom hinteren Spiegel zum vorderen, in der Bewegungsrichtung gesehen, länger. Der Weg vom vorderen zum hinteren aber dementsprechend genau so viel kürzer. Damit erfährt der Lauf der Uhr bei dieser Bewegung gar keine Änderung!

Das muß auch nach Einstein so sein, denn der hat ja eine **relativ** konstante Geschwindigkeit für Licht gegenüber jedem sich beliebig bewegenden Körper festgelegt, damit auch gegenüber den Spiegeln. Die Lichtuhr darf nach Einstein bei Bewegung in Richtung ihrer Spiegel gar keine Zeitdilatation erfahren.

Was nun? Gibt es etwa doch keine?

Es gibt sie, vielfachst und in unterschiedlichsten Naturgeschehnissen gemessen. Z. B. bei Uhren, Verlangsamung radioaktiver Zerfälle und Rotverschiebungen von Licht in Gravitationsfeldern befindlicher Lichtquellen. Unterschiede durch Ausrichtungen wurden dabei auch nicht beobachtet. Was könnte falsch sein?

Im zweiten Versuch entstand keine Zeitdilatation, weil eine

nach Einstein relativ zu den Spiegeln konstante Geschwindigkeit des Lichts unterstellt wurde. Wenn aber bei einer bewegten Uhr etwas passiert, eben eine Verlangsamung ihres Ganges, dann muß ja etwas da sein, dem gegenüber sie sich bewegt. Woher sollte sie sonst wissen, daß sie sich bewegt? Geister gibt es in der Natur nicht. Sind wir mal frech und ignorieren das Postulat von Einstein, daß Licht relativ konstant sei und unterstellen, Licht würde sich wie Schall in einem Medium ausbreiten. Als Medium für Licht wurde ja schon einmal der Äther postuliert. Physikalische Forschung ist Kriminalistik und heißt damit zwingend, **alle** Möglichkeiten zu untersuchen.

Betrachten wir damit die Uhr gleich im zweiten Versuch, Bewegung senkrecht zu den Spiegelflächen. Die Geschwindigkeit der Uhr wie die des Lichts beziehen sich nun auf den Äther. Der Lichtpunkt in der bewegten Uhr muß nun nach vorn dem entfliehenden Spiegel hinterher laufen, erreicht dafür auf seinem Weg zurück den nachfolgenden ihm dabei entgegen kommenden Spiegel aber früher. In Summe braucht das Licht für das Hinterherlaufen zum vorauseilenden Spiegel aber mehr Zeit als es beim zurücklaufen spart. Nun stimmt's, die Uhr geht bei Bewegung gegenüber dem Äther langsamer. Und natürlich kommt auch dabei der richtige relativistische Faktor heraus.

Bei Lichtgeschwindigkeit kann der Photonenhaufen des Lichtpunktes den vorderen Spiegel nicht mehr einholen, die Uhr steht. Das gleiche Ergebnis stellt sich dann auch bei der seitlichen `Schul´-Bewegung der Spiegeluhr ein: das Licht könnte auch den seitlich weg laufenden Spiegel nicht mehr einholen.

Zeitdilatation ist nicht eine nur optische Beobachtung aus ruhendem Standort, wie es die Schulerklärung suggeriert, sondern ein realer mechanischer Vorgang.

Zeitdilatation ist keine Software der Natur, sondern eine Hardware!

Damit zeigt sich nun: Einsteins Postulation einer relativen Konstanz des Lichts zu beliebig bewegten Objekten kann nicht stimmen, sonst wäre eine Zeitdilatation prinzipiell nicht möglich, sie ist aber unzweifelhaft nachgewiesen.

Ein richtiges Verständnis zu verinnerlichendem Verstehen ist trotz dieser Fehlerbehebung mit dieser nur gedanklichen Lichtuhr aber immer noch nicht gegeben, sie ist zu theoretisch.

Deshalb eine Erklärung mit einer Uhr, die normal funktioniert und tatsächlich in ihrem Gang beobachtet werden kann. Die Unruhe hierbei ist ein Flugzeug. Es umkreise permanent mit seiner Höchstgeschwindigkeit in Loopings einen Hubschrauber. Die Richtung des Umloopens sei zunächst seitlich um den Helikopter. Das Medium, in dem das Ganze abspielt, ist die Luft. Ein Loop stellt eine Zeiteinheit dar. Weiter ist bestimmt, daß Flugzeug wie Hubschrauber absolut gleiche Höchstgeschwindigkeiten gegenüber der Luft besitzen.

Steht der Hubschrauber in der Luft still, so beträgt die Loopzeit eine bestimmte Zeitdauer, vielleicht 10 Sekunden. Bewegt sich nun der Hubschrauber vorwärts, zeigt sich, daß, je schneller er fliegt, die Zeit für einen Loop des Flugzeugs immer länger dauert. Für die bewegte Hubschrauber-Flugzeug-Loop-Uhr bleibt zwar eine Umdrehung eine Zeiteinheit, eine ruhende Uhr, auch eine zweite auf der Stelle verharrende ʻLoopuhrʻ, jedoch stellt fest, daß diese Zeiteinheit bei der bewegten Loopuhr bei steigender Geschwindigkeit des Hubschraubers immer länger dauert. Warum?

Neben der Loopbewegung seitlich um den Hubschrauber muß das Flugzeug gleichzeitig mit dem Hubschrauber nun auch noch vorwärts fliegen. Da es aber schon mit seiner

Höchstgeschwindigkeit fliegt, umloopt es den Hubschrauber langsamer, es bewegt sich ja nun auf einer Schraubenlinienbahn. Erreicht der Hubschrauber seine Höchstgeschwindigkeit, die gleich der des Flugzeuges ist, kann das Flugzeug den Hubschrauber nicht mehr umloopen, seine gesamte Geschwindigkeit wird für das Bleiben neben dem Hubschrauber verbraucht. Die kleinste Seitwärtsbewegung würde es ihn verlieren lassen: die Loopuhr steht.
Umkreist das Flugzeug den Hubschrauber statt ihn zu umloopen, so ergibt sich das gleiche Ergebnis: es muß nach vorn den Hubschrauber überholen, was länger dauert als es Zeit spart um auf der Gegenseite wieder hinter ihn zu gelangen. Es ist also völlig egal, welche Kreise das Flugzeug um den Hubschrauber vollführt.

Die Flugzeug/Hubschrauber-Uhr steht nun für die Uhr, die innerhalb von Materie abläuft. An ihr hängen die Zeiten, die physikalisch ablaufen wie z. B. radioaktive Zerfälle oder chemische oder biologische Abläufe wie auch die Stoffwechselgeschwindigkeit und die Denkgeschwindigkeit.

Wie kann in Materie eine Zeit laufen? Da Zeit Änderung ist, ist jede Änderung von Natursubstanzen, auch innerhalb eines Atoms, ein zeitlicher Vorgang. Elektronen laufen modellhaft als Kügelchen um den Atomkern, in Wahrheit als stehende Welle. Egal aber wie, es bewegt sich was. Die Modellvorstellung eines Atoms ist nun direkt vergleichbar mit der Loopuhr: Elektronen sausen mit Lichtgeschwindigkeit um den Atomkern herum, ob als Kügelchen oder Welle. Bewegt sich nun der Atomkern mit seinen Elektronen im gemeinsamen Medium, dem Äther, so muß auch hier das Elektron neben seiner Umläufe ebenfalls noch die Bewegung der `Grund´geschwindigkeit des Atomkerns gegenüber dem Äther mitmachen so daß die Umdrehungszahl der Elektronen pro absoluter Zeit (Null-Zeit) kleiner wird. Die `Uhr´ der Materie läuft langsamer.

Die Bewegungen der Elektronen sind nicht nur unsichtbar im Innersten der Materie, sondern sie wirken auch nach außen. Z. B. entsteht Licht dadurch, daß Elektronen von höheren Bahnen zu tieferen fallen. Die Fallgeschwindigkeit wird ebenfalls durch Zeitdilatation langsamer, was eine niedrigere Frequenz des entstehenden Lichts, eine Rotverschiebung, verursacht. Genau damit wird die Zeitdilatation innerhalb von Materie auch gemessen. So wie die Lichtentstehung laufen alle anderen Geschehnisse nach Newtonscher Physik bei Bewegung gegenüber dem Äther ab: auch größte Räder in der Mechanik drehen sich dann langsamer!

Damit zeigt sich nun ein neues physikalisches Prinzip:

Alle Materieteilchen wie auch Wellen können sich nur mit maximal Lichtgeschwindigkeit gegenüber dem Äther bewegen. Hat ein Objekt diese Geschwindigkeit, kann es zusätzlich keine dazu abweichenden Bewegungen mehr durchführen. Die abweichenden Bewegungen sind die für Vorgänge der Newtonschen Physik erforderlichen, z. B. für das hin und her der Unruhe in einer Uhr sowie auch für die Bewegungen der Elektronen um ihre Atomkerne. Der zur Verfügung stehende Geschwindigkeitsanteil für die Newtonsche Physik aus dem von der Lichtgeschwindigkeit begrenzten Geschwindigkeitsmaßstab wird mit zunehmender Geschwindigkeit immer kleiner, bei Lichtgeschwindigkeit zu null. Alles, was unter dem Dach der Physik zeitbehaftet ist, kommt zur Ruhe wie jegliche Mechanik, Chemie, Biologie, Radioaktivität.

Zeitdilatation kann nur entstehen, wenn es eine raumfüllende Substanz gibt, gegenüber der sich jedes Teilchen getrennt für sich allein bewegen muß Diese Substanz ist der Äther.
Sein sinnvoller Name darf aber nicht mehr benutzt werden,

da er laut Robert Laughlin, Nobelpreis 1998, in "Abschied von der Weltformel" (Unterdtitel: Die Neuerfindung der Physik): "*In der theoretischen Physik ist der Begriff Äther wegen seiner früheren Verbindung mit der Opposition gegen die Relativität extrem negativ besetzt. Das ist bedauerlich, weil er ohne diese Konnotationen relativ gut einfängt, wie die meisten Physiker über das Vakuum denken. In den Anfängen der Relativität war die Über-zeugung,, Licht müsse aus Wellen von Irgendwas bestehen, so stark, daß man Einstein weithin ablehnte.*"

Die Folge: die inzwischen tatsächlich gesicherte und nach-weisbare Füllung des scheinbaren Vakuums des Alls mit einem "Irgendwas" hat keinen Namen mehr! Dafür hat etwas nicht Nachweisbares einen Namen: die "Dunkle Materie". Man muß sich ernsthaft fragen, ob diese "Leute" da oben überhaupt noch wissen, was sie tun!

Wenn Physik auch noch dazu dienen muß, menschliche Empfindsamkeiten zu befriedigen, geht die Sprache kaputt und damit die Physik mit. Physik soll, kann und darf nur die Natur darstellen und kann nicht auch noch Hure für Sonstiges sein.

Der Mensch hat sich der Natur, damit der Physik, zu beugen und nicht umgekehrt. Wenn es etwas gibt im leeren Weltraum, dann hat es auch Äther zu heißen, denn genau dafür wurde der Begriff von den alten Griechen entlehnt. Gibt es den Äther?
Ja!
Obwohl nach Newtonscher Physik masselos, ist der Äther eine sogar sehr dichte bzw. energiereiche Substanz im leeren Raum. Ohne diese kommt die Nach-Einstein-Physik schon lange nicht mehr aus. Für die Zeitdilatation und wie sich noch zeigt auch für die Gravitation stellt der Äther die ursächliche Grundlage. Ohne ihn gäbe es beides nicht! Die Bewegung von Materie in einem Nichts kann keine Wech-selwirkung wie Zeitdilatation hervorrufen.

Die Natur ist <u>dinglich</u> bis ins Kleinste!

Wechselwirkungen entstehen nur zwischen zwei **tatsächlichen** Dingen! Schon "Felder" sind keine Naturdinge, sondern nur Ausdruck für noch Unbekanntes. Aber sie sind geistige Grundlage für mathematische Vorstellungen.

Zeitdilatation liegt aber nicht nur in ganzen Atomen vor, womit sie wie voran geschildert einfach vorstellbar ist, sondern auch innerhalb kleinster Teilchen, die die Natur besitzt wie z. B. in dem schon erwähnten Myon. Zeitdilatation ist eine invariante Größe der Natur. Das bezieht sich selbstverständlich auf ihre Messung mit der Null-Zeit, also einer zum Äther ruhenden Uhr. Die Unterschiede in den Zeitabläufen sich unterschiedlich schnell bewegender Objekte werden mit **relativistisch** bezeichnet.

Zeitdilatation ist aber gar nicht so unsicht- bzw. unmerkbar, wie man glauben könnte. Im Gegenteil, sie ist, wie sich im Kapitel Trägheit noch zeigt, Mitursache für das Wesentlichste der Newtonschen Physik, für Kräfte. Wenn ein Fußzeh blau wird, weil versehentlich statt gegen einen Ball gegen einen Stein getreten wurde, ist die Zeitdilatation beteiligt.

Zeitdilatation entsteht nicht nur bei Bewegung, sondern nach Einstein auch in Gravitationsfeldern. Das jedoch kann nach Regel Nr. 4, dem Kausalitätsprinzip, nicht sein: eine Naturerscheinung kann nur eine einzige Verursachung besitzen. Zeitdilatation entsteht demnach auch in Gravitationsfeldern nach dem zuvor geschilderten Prinzip. Das wird im Kapitel Gravitation noch dargelegt.

Zeitdilatation ist mit eine der wirksamsten Größen in der Natur. Es ist unausweichlich, sie in das physikalische Grundwissen einzuarbeiten, um das Wesen der Natur richtig verstehen zu können.

**Zeitdilatation ist wie die Zeit selbst
ein <u>mechanischer</u> Vorgang!**

Es ist das langsamere Umkreisen der Elektronen um ihre Atomkerne wie das langsamere Oszillieren von Maschinen.

**Die Elektronen sind die "Antriebsritzel"
der Newtonschen Physik!
Zeitdilatation ist eine physikalische Größe
wie z. B. auch Trägheit.
Aber:
sie ist kein Bestandteil der Newtonschen Physik,
bestimmt aber die Schnelligkeit ihrer Abläufe.**

Genau so, wie die Elektronen durch ihre Mitbewegung mit den Atomkernen diese langsamer umkreisen, umkreist z. B. auch ein Propeller seine Antriebswelle langsamer. Auch die Propellerblätter müssen durch die Vorwärtsbewegung des Flugzeuges etwas von ihrer Umkreisungsgeschwindigkeit abgeben.

Zeitdilatation hat keinerlei Einflüsse auf irgend etwas anderes wie z. B. heute gelehrt, auf Längen und Massen! Längenkontraktion wie Massenvermehrung sind unzulässige Interpretationen aus der mathematischen Formel des relativistischen Impulses. Zeitdilatation ist eine mechanischer Vorgang, der die Zeit selbst darstellt. Der darf nicht über den relativistischen Faktor nach mathematischen Regeln zur Länge bzw. Masse verschoben werden. Nicht mathematische Regeln bestimmen die Natur, sondern physikalische!

**Das Relativistische ist nichts übernatürliches!
Es ist einfach nur das, daß die Zeit in gegenüber dem
Äther bewegten Körpern langsamer läuft.
Die Physik bleibt ganz normal mechanisch oder
elektrisch oder radioaktiv.**

Geschwindigkeiten

Die Feststellungen von Bewegungen in der Natur ist in der gesamten Historie der Wissenschaft der Physik bis einschließlich heute immer noch das größte zu lösende Problem. Jedoch nur deshalb, weil es nicht als Problem erkannt wurde.

Die Erkundung der Natur beginnt mit der Feststellung von Bewegungen: was bewegt sich gegenüber was. Danach sind die Geschwindigkeiten der Bewegungen zu bestimmen. Dabei stellt sich aber ein neues Problem ein. Die Zeitdilatation hat Einfluß darauf, denn: mit welcher Uhr werden Geschwindigkeiten bestimmt? Uhren gehen je nach ihrer eigenen Bewegung gegenüber dem Äther des Kosmos anders. Bisher werden alle Geschwindigkeiten auf die Uhr bezogen, die sich auf der Erde befindet. Ist das richtig? Nein.

Warum nicht? Das zeigt sich unübersehbar bei sehr hohen Geschwindigkeiten. Diese gibt es vor allem in der größten Experimentiereinrichtung, die die Menschheit je gebaut hat. Sie steht bei Genf in der Schweiz. In ihr werden elektrisch geladene Teilchen auf höchste Geschwindigkeiten bis nahest an die Lichtgeschwindigkeit beschleunigt. Prallen die Teilchen auf ein Ziel, so richten sie Zerstörungen an ihm an. Das ist gewollt, die Teilchen sollen Atome oder andere oder gleiche Teilchen zertrümmern, um deren innere Bestandteile untersuchen zu können. Der Impuls bewegter Körper wie dieser Teilchen errechnet sich aus deren Geschwindigkeiten mal deren Masse. Unter Impuls ist die Wucht zu verstehen, die ein bewegter Körper innehat. Wird die Geschwindigkeit der Teilchen mit der Uhr der Beobachter ermittelt, so sind die angerichteten Zerstörungen aber zigfach höher als es die Rechnungen ergeben. Die Untersuchung des Problems zeigt auf, daß es, wenn der `relativistische Faktor´ hinzu gefügt wird, zu Gleichheit zwischen der Wucht, also dem Impuls des beschleunigten Teilchens, und den angerichteten Zerstörungen kommt.

Warum?
Wird die Geschwindigkeit der Teilchen nicht mit der `Erd´-Uhr, also mit der Uhr der Beobachter, gemessen, sondern mit der Uhr, die **in** der Materie der mit fast Lichtgeschwindigkeit rasenden Teilchen abläuft, so besitzen sie tatsächlich eine zigfach höhere Geschwindigkeit, also auch zigfach höhere Wucht. Die Zeit in dem Teilchen läuft langsamer ab, seine Sekunde dauert länger als die des Beobachters. Dieser Effekt ist auch Ursache der schon geschilderten längeren Reise der Myonen.

Damit nun keine Verwirrung entsteht: Ein Teilchen wie jedes andere Objekt auch braucht für eine bestimmte Strecke im Kosmos eine ganz bestimmte **absolute** Zeit. Diese ist unveränderlich und wird von der Nullzeit-Uhr bestimmt, die keiner Zeitdilatation unterliegt, sich also in Ruhe zum Äther befindet. Einstein schaffte den Äther aber ab, hatte somit keine absolute Grundlage für Bewegungen mehr und deklarierte Bewegungen als nur noch relativ zueinander. "Alles ist relativ!", so sein Credo. Erstaunlich, wie unkritisch ihm die gesamte Wissenschaft folgte, ohne irgendeines experimentellen Beweises für diese Postulation.

Gemessene Geschwindigkeiten hängen also davon ab, mit welcher Uhr sie gemessen werden.
Die mit Null-Zeit gemessenen Geschwindigkeiten sind absolute Geschwindigkeiten.
Die mit der Uhr der bewegten Objekte gemessenen Geschwindigkeiten sind die **relativistischen** Geschwindigkeiten. Aber:

**Geschwindigkeitswerte sind relativistisch,
nicht aber die Geschwindigkeiten selbst.**

Die Geschwindigkeit eines Körpers, mit seiner Uhr gemessen, hat einen höheren Wert als die mit der Null-Zeit gemessene, denn eine Sekunde im bewegten Körper dauert länger. Prallt ein Körper gegen einen anderen, führt er ihm aber die Energie zu, die aus **seiner relativistischen** Geschwindigkeit stammt. Eine Erklärung dafür kann nicht geliefert werden, das ist zunächst einmal ein Gesetz und demütig hinzunehmen.

Relativistisch ist <u>nur</u> die Zeit!

Der aus der Zeitdilatation sich ergebende Faktor, der sogenannte relativistische Faktor, der zur Berechnung der Zeitdilatation bzw. in Folge zur relativistischen Geschwindigkeit dient, darf von der Zeit nicht entfernt werden! Seine Verursachung besteht nur in der Zeit selbst.

Die mit der mit Null-Zeit schnellst möglich laufenden Uhr bestimmte Geschwindigkeit ist die **absolute** Geschwindigkeit. Nach Einstein gäbe es eine solche nicht, die Existenz der Zeitdilatation beweist jedoch, daß es sie geben muß. Die absolute Geschwindigkeit gegenüber dem Äther ist nach oben begrenzt auf den Wert der Lichtgeschwindigkeit. Warum? Nicht, weil es Einstein gesagt hat, das bestimmt die Natur schon selbst. Also muß es dafür zu findende konkrete Gründe geben. Ein Grund ist die Zeitdilatation. Sie führt dazu, daß mit den Uhren bewegter Objekte bei Lichtgeschwindigkeit unendliche Geschwindigkeit erreicht wird. Grund: durch die Zeitdilatation haben die Uhren keinen Gang mehr, für jede beliebige Strecke wird keine Zeit mehr verbraucht. Mit den Uhren bewegter Objekte gemessene Geschwindigkeiten sind aber, da der sich daraus ergebende Impuls auch die tatsächlichen Wirkungen ergibt, die Newtonschen Geschwindigkeiten.
Das bedeutet für die gesamte Newtonsche Physik, daß die maximale in ihr enthaltene Geschwindigkeit unendlich beträgt. Da es schneller als unendlich nicht geht, ergibt sich rückwärts:

Die maximale Newtonsche Geschwindigkeit unendlich erklärt indirekt die Begrenzung der Geschwindigkeit gegenüber dem Äther auf Lichtgeschwindigkeit

Die relativistische Newtonsche Geschwindigkeit ist die, die mit der Uhr des bewegten Objektes gemessen ist. Das wirkt sich bei Umgebungsgeschehnissen in der Natur mit deren üblichen Geschwindigkeiten selbst bis Überschall noch nicht aus, da die Abweichungen durch die Zeitdilatation kaum meßbar sind. Käme aber ein Objekt auf Lichtgeschwindigkeit, so würde dessen Uhr zum Stillstand kommen, nichts bewegt sich mehr, selbst die Elektronen kreisten nicht mehr um den Atomkern. Auch der Antriebsmotor des Raumschiffes könnte nicht mehr funktionieren, um noch höhere Geschwindigkeiten zu erreichen.

Da Newtonsche Physik Bewegungsphysik ist, hat das Vorstehende eine nach bisherigem Verständnis über Physik ʼunmöglicheʻ Konsequenz:

<u>Newtonsche Physik ist relativistisch</u>

Warum?
Abläufe nach Newtonscher Physik hängen in ihrem Zeitfortschritt davon ab, wie schnell sich die beteiligten Objekte gegenüber dem Äther bewegen.

Geschehnisse spielen sich in kleinsten Teilchen ab (Myon, Atome usw.) wie auch in ganzen Objektsystemen, die dadurch zusammen gehören, daß sie sich gleich bewegen. Ein Raumschiff wäre solch ein System, aber auch ein Flugzeug und ein fahrender Zug. Solche Systeme sind schon zu Newtons Zeiten als Inertialsysteme definiert worden. Inertialsysteme werden z. B. als Systeme beschrieben, die sich ʼgegen den Fixsternhimmel geradlinig und geschwindigkeitskonstant bewegenʻ. Sie wurden nur dazu erfunden, um Geschehnisse in ihnen auf `ihr´ System beziehen zu können, also einfacher in ihnen rechnen zu können. Ansonsten müßte jedes Einzelobjekt eines Inertialsystems auf einen externen Bezugspunkt bezogen werden.

Die Definition der Inertialsysteme als gleichförmig bewegte Systeme führte über die Folgelogik von Beschleunigungsfreiheit zur Postulation, daß die Oberfläche der Erde kein Inertialsystem sei.

Ein **physikalischer** Hintergrund für Inertialsysteme konnte nicht benannt werden. Es gibt ihn aber und er zeigt eine weitere jetzt folgende Neuigkeit für die Newtonsche Physik auf.

Vorgänge nach Newtonscher Physik laufen mit ihrer durch die Zeitdilatation bestimmten **Eigenzeit** ab. Das bedeutet für Objekte in Inertialsystemen mit ihren gleichen Geschwindigkeiten auch gleiche Zeitdilatation. Damit ergibt sich ein physikalischer Untergrund für Inertialsysteme:

Inertialsysteme sind Systeme mit gleicher Zeitdilatation, Zeit-Inseln.

Also: Newtonsche Physik spielt in Zeitinseln. Das bedeutet nun, daß die Erdoberfläche ebenfalls ein Inertialsystem ist. Auf ihr liegt gleiche Zeitdilatation vor, obwohl dabei eine Beschleunigung besteht. Das wird gestützt von Otto Heckmann in `Sterne, Kosmos, Weltmodelle´, dtv, 1980: "*.....was allgemein hätte bekannt sein sollen, daß nämlich die Grundgleichungen der Newtonschen Dynamik nicht allein invariant sind gegenüber geradlinig-gleichförmigen Bewegungen, sogenannten Galileitransformationen, sondern auch gegenüber homogenen Beschleunigungen.*" Bis in die Höhe höchster Berge wie Tiefen tiefster Bergwerke sind auf der Erde die gravitativen Beschleunigungen praktisch gleich.

Wie sind Geschwindigkeiten konkret sortiert?

Kosmonale Geschwindigkeiten sind die, die mit einer zum Äther ruhenden Uhr, also mit der Null-Zeit, gemessen sind. Und sie beziehen sich auf das geometrisch fixe Koordinatensystem des dreidimensionalen Kosmos.

Sie setzen sich aus Bewegungen von Objekten gegenüber dem Äther **und** Bewegungen des Äthers mit den Objekten zusammen. Es sind also Mischbewegungen.

Der untere Grenzwert absoluter Geschwindigkeiten ist null gegenüber den Raumkoordinaten. Der obere Grenzwert ist unendlich, da die Bewegungen des Äthers durch nichts begrenzt ist.

**Kosmonale Geschwindigkeiten sind
absolute Geschwindigkeiten und
mit der Null-Zeit gemessene.**

Gravitative Geschwindigkeiten.

Sie sind Bewegungen des Äthers zu Massen hin. Das heißt, sie gibt es auch nur dort, wo Massen existieren. Allerdings reichen sie bis in die Unendlichkeit. Sie nehmen aber quadratisch zu den Entfernungen ab, sind also in gewissen Entfernungen nicht mehr meßbar.

Ätherbewegungen sind absolut zu den Raumkoordinaten. Auch sie werden mit der Null-Zeit gemessen.

Kosmonale wie Gravitationsgeschwindigkeiten addieren sich absolut vektoriell.

Newtonsche Geschwindigkeiten beziehen sich auf den Äther. Egal, wie der sich dabei bewegt! Sie sind das Gleiche wie die Geschwindigkeiten von Fischen gegenüber dem Wasser oder Flugzeugen gegenüber der Luft.

Newtonsche Geschwindigkeiten sind nicht absolut, sondern aus der Eigenzeit bewegter Objekte entstehend. Es sind also relativistische Geschwindigkeiten. Damit müssen sie auch relativistisch addiert werden.

Der untere Grenzwert ist null gegenüber dem Äther. Der

obere Grenzwert ist unendlich. Wobei das Unendliche absolut die Geschwindigkeit des Lichts gegenüber dem Äther ist.

Newtonsche Geschwindigkeiten können absolut gemessen werden, nämlich mittels der Zeitdilatation. Die entsteht ja durch Geschwindigkeiten gegenüber dem Äther.

Bewegen sich zwei Objekte mit Lichtgeschwindigkeit aufeinander zu, so sind deren Newtonsche, also deren relativistische Geschwindigkeiten, jeweils unendlich. Da unendlich plus unendlich auch nur unendlich ist, ist die Differenzgeschwindigkeit ebenfalls nur unendlich.
Das führte zum Paradigma, daß im All 1 plus 1 gleich 1 ist. Die absoluten Geschwindigkeiten sind dabei jedoch Lichtgeschwindigkeit plus Lichtgeschwindigkeit gleich **zwei mal** Lichtgeschwindigkeit!
Differenzgeschwindigkeiten sind aber nur mathematische Werte, also **keine realen** Geschwindigkeiten. Es gibt kein Objekt, das selbst eine Differenzgeschwindigkeit hätte. also keine Überlichtgeschwindigkeit.

Bewegungen, ihre Geschwindigkeiten und ihre Bezugspunkte bzw. Bezugssysteme richtig zu erkennen, ist unersetzbare Grundlage dafür, Vorgänge in der Natur richtig zu durchschauen. Aus bisherigem Unverständnis über Bewegungsursprünge entstanden viele falsche Theorien. Die bedeutendsten sind die angebliche Bewegung des Himmels über uns, die angebliche Strömung von Luft an einem Flugzeug vorbei und die angeblich nur relativ möglichen Bewegungen in Einsteins Relativitätstheorien. Letztere sind Paradebeispiel dafür, was falsche Bewegungserkennungen für Unheil anrichten können.

Die spezielle Relativitätstheorie

Eine physikalische Theorie muß verbal den Funktionismus eines Naturphänomens von Ursache nach Wirkung mittels eines Funktionsprinzips aufzeigen. Also, ein Naturvorgang funktioniert mittels welchem Prinzip von welcher Ursache zu welcher Wirkung.

Die spezielle Relativitätstheorie besitzt nichts davon. Somit ist sie keine physikalische Theorie. Was ist sie dann?
Sie besteht nur aus Rechenanweisungen, wie mit der Zeitdilatation umzugehen ist. Aber, ohne zu wissen, was Zeitdilatation überhaupt ist.

Da Zeitdilatationen von Bewegungsgeschwindigkeiten abhängen, ist natürlich erforderlich, daß bekannt ist, welche Geschwindigkeiten Objekte besitzen. Das weiß die spezielle Relativitätstheorie aber gar nicht! Einstein schaffte den Äther ja ab. Deswegen werden Berechnungen von Zeitdilatationen auf nur Differenzgeschwindigkeiten bezogen.

Der wegen nicht möglicher absoluter Bewegungsbestimmungen unsichere Umgang mit der Zeitdilatation wird in einem Experiment ersichtlich, dessen Ergebnisse bisher ein großes Geheimnis sind, da sie sich nicht an die Anweisungen der speziellen Relativitätstheorie halten.
Hätte man eine Vorahnung vom Ergebnis dieses Experiments gehabt, hätte es gar nicht gemacht werden dürfen, zum Schutz der speziellen Relativitätstheorie. Dieses Experiment ist nämlich eine geradezu klassisches Aufgabe für die spezielle Relativitätstheorie. Und sie versagte, kläglich! Obwohl das Experiment ganz einfach ist und von jedem an Physik Interessiertem zu verstehen ist.

Hafele und Kaeting maßen 1971 die Zeiten in Flugzeugen, die die Erde umrundeten und verglichen sie mit der Zeit einer ortsfesten Uhr in den USA. Und es wurden zwei Messungen gemacht: einmal bei der Umrundung der Erde in Ost- und einmal in Westrichtung.

Die spezielle Relativitätstheorie sagt für dieses Experiment folgendes Ergebnis voraus. Egal, in welcher Richtung die Flugzeuge die Erde umrunden, die Zeitdilatation ergibt sich aus den Relativgeschwindigkeiten zwischen den Flugzeugen und der ortsfesten Vergleichsuhr. Also in Ost- und Westrichtung gleich groß. Die spezielle Relativitätstheorie kennt nur zwei Objekte: die Vergleichsuhr und die Uhr im Flugzeug: Einsteins Relativitätsprinzip. Einen absoluten Bezugspunkt über diesen genannten kennt sie nicht.

Das Ergebnis war ein Desaster:
Die Zeitdilatation in Ostrichtung entsprach zwar prinzipiell den Erwartungen, das Ergebnis in Westrichtung dagegen war drei mal so groß wie das in Ostrichtung und darüber hinaus sogar noch negativ, also eine Zeitgangverschnellerung! Das durfte nun nicht sein.
Was nun?
Ganz einfach: Was nicht sein darf, das nicht sein kann!

Das Experiment wird seitdem unter der Decke gehalten und wenn es doch hervorlugt, wird es einfach zu einer Bestätigung der speziellen Relativitätstheorie hin umgelogen. Umgelogen mit verbalen Mitteln, da es mit den Meßdaten ja nicht geht. Die Sprache wird dazu wie in bewährter Politikermanier mittels Wortschwallen und fehl benutzten Fachbegriffen ausgenutzt.

Schauen wir auf die Wahrheit, was bei dem Experiment von Hafele und Kaeting wirklich vorliegt.
Die Messungen der Zeitdilatationen in Objekten, hier die Flugzeuge, sind eine indirekte, aber exakte Messung von Geschwindigkeiten, im Experiment die der Flugzeuge. Das heißt: wenn die Zeitdilatationen unterschiedlich sind, sind es die Geschwindigkeiten auch.
Gegenüber der Erdoberfläche sind sie aber doch genau

gleich hoch? Wobei wir aber gar nicht an die Erdoberfläche denken, sondern an uns selbst: <u>wir</u> sind der Bezugspunkt!
Ja, wie oft will man eigentlich noch darauf hereinfallen, uns oder die Erdoberfläche als Bezug für Geschwindigkeiten zu benutzen? Die Erdoberfläche ist ein Karussell und wir drehen uns mit!

Betrachtet man die Geschwindigkeiten der Flugzeuge vom Sternenhimmel aus, ergibt sich folgendes:
Das Flugzeug nach Osten fliegt schneller als die Erdoberfläche um die Erdachse herum, das Flugzeug nach Westen langsamer. Und die Flugdauer für eine Umrundung <u>gegenüber dem Sternenhimmel</u> ist für das Flugzeug nach Westen drei mal so hoch wie die für das Flugzeug nach Osten.
Da Zeitdilatation genau so absolut ist wie z. B. die absolute Temperatur, kann es natürlich keine negativen Werte für sie geben. Da in den Flugzeugen aber negative Werte gemessen wurden, können diese nur dadurch entstehen, daß der Vergleichswert, nämlich die ortsfeste Uhr, auch eine Zeitdilatation besitzt, der gegenüber die gemessene kleiner ist. Und das ist der Fall. Die Vergleichsuhr für die Uhren in der Flugzeugen besitzt eine Zeitdilatation aus der Drehung der Erdoberfläche um die Erdachse, also ihrer Umfangsgeschwindigkeit.

Diese Sicht führt genau zu den gemessenen Werten. Also ist sie richtig, ist das natürliche Koordinatensystem des Vorgangs.

Was bedeutet das?
1) Die spezielle Relativitätstheorie ist falsch.
2) Zeitdilatationen beziehen sich nicht auf relative Geschwindigkeiten. Zeitdilatation ist Newtonsche Physik, unterliegt also den Geschwindigkeiten gegenüber dem Äther.
Das bestätigt sich mit der Frage: woher wissen die Uhren in

den Flugzeugen, daß sie eine Zeitdilatation entsprechend den Geschwindigkeiten annehmen müssen, die sich auf den Sternenhimmel beziehen?

Natürlich wissen sie das nicht, es wäre ja auch geisterhaft, und Geister gibt es in der Natur nicht: alles ist dinglich! Und welches 'Ding' sagt dann den Uhren, was los ist?

Der Äther.

Er ist überall, füllt den gesamten geometrischen Raum des Kosmos aus, bis in unsere Schlafzimmer hinein und in die Zwischenräume zwischen den Elektronen und Atomkernen und sogar bis in kleinste Teilchen hinein wie z. B. den Myonen.

Da Zeitdilatation immer auch am Maßstab der Lichtgeschwindigkeit hängt, sind die Messungen von Hafele und Kaeting auch indirekt die Messungen der Lichtgeschwindigkeit in Ost- und Westrichtung. Licht fließt also nach Osten langsamer und nach Westen schneller, aber: nur gegenüber der Erdoberfläche!

Und genau das hat auch das Michelson-Morley-Experiment als Fahrtwind von Äther gemessen: es ist der kleine Meßwert, der nicht zugeordnet werden konnte und so klein war, daß er unbeachtet blieb.

Der Äther dreht sich also nicht mit der Erddrehung mit, weshalb auch der Sternenhimmel indirekt als Bezug für die wahren Flugzeuggeschwindigkeiten zur richtigen Erklärung der Meßergebnisse führt.

Und ein Drittes Experiment, das aber gar keines ist, sondern einfache pragmatische 'Technik, zeigt den Ätherwind durch die Drehung der Erde an.

Man stelle sich vor, Licht um die Erde herum zu schicken, z. B. in einem innen verspiegelten Rohr. Wie beim Hafele-Kaeting-Experiment in Ost- und Westrichtung. Das geht in dem Rohr nun sogar gleichzeitig. In der Meßstation kann dann verglichen werden, wieviel später das Licht in Westrichtung gegenüber dem in Ostrichtung ankommt. Es wird der doppelte Betrag sein, der seiner Umkreisung entspricht, da das Licht nach Westen genau so viel später ankommt wie das Licht nach Osten früher.

Soweit die Theorie. Nun die Praxis.
Dieses gegenseitige Umkreisen wurde in einem technischen Gerät verwirklicht, das mit "Lichtkreisel" bezeichnet wird. Es dient der Messung von Drehgeschwindigkeiten in der Luftfahrt. Im Inneren des Lichtkreisels, der nur handgroß ist, befindet sich eine Spule, auf die Lichtleitfaser aufgewickelt sind, einmal links herum und einmal rechts herum. Jeweils mehrere hundert Windungen. Licht wird gleichzeitig links und rechts herum hindurch geschickt. Als sich dann, wohl mehr aus Zufall, herausstellte, daß er, wenn er parallel zur Erdachse ausgerichtet ist, die Erdumdrehung anzeigte, war und ist bis heute das Rätselraten groß.
"Die Wissenschaft" hat keine Erklärung dafür. Man beachte: genau so nicht, wie für die Ergebnisse des Hafele-Kaeting-Experiments. Wie zuvor geschildert, besteht ja auch nicht nur eine Verwandtschaft, sondern das Meßprinzip ist auch das Gleiche: eine absolute Geschwindigkeitsmessung in Ost- und Westrichtung, einmal mit der höchstmöglichen, der Lichtgeschwindigkeit selbst, das andere mal mit einer niedrigeren, als Teil von ihr mittels der Zeitdilatation gemessen.

Es bleibt aber noch ein Rest zur vollen Erklärung des Funktionismusses des Lichtkreisels. Das Licht in ihm bewegt sich nicht im Vakuum oder in der Luft, sondern in einem (quasi)festen Körper, in Glas. Damit sollte man nun meinen, daß es sich in seiner Geschwindigkeit nach seiner Geschwindigkeit im Glas richtet. Das tut es zwar auch, aber nicht so, wie es die Schule versteht. Es ist entsprechend der Stoffe, durch die es hindurch fließt, langsamer, aber immer noch von dem bestimmt, zu dem es den Grundbezug hat: zum Äther.

Der Äther ist in allen Stoffen zwischen und sogar in den Atomen verbreitet. Licht fließt also innerhalb von Soffen **auch** noch gegenüber dem Äther.

Das ist keine neue Erkenntnis, die sich aber nun durch den Lichtkreisel in überzeugender Weise bestätigt. Ansonsten würde der Kreisel auch nicht so funktionieren, wie er funktioniert. Und er ist ja auch nicht allein: das Hafele-Kaeting-Experiment und das Michelson-Experiment kommen zu den gleichen quali- und quantitativen Ergebnissen.

Trotzdem denkt "die Wissenschaft" nicht im Entferntesten daran, diese Messungen ernst zu nehmen.

So, wie die Wahrheit einer Beschleunigung von unten nach oben ignoriert wird, werden auch diese Wahrheiten ignoriert. Alles mit dem Ziel, bestehende Theorien zu erhalten, obwohl ihre Falschheiten mit diesen Experimenten sachlich gar nicht mehr geleugnet werden könnte.

Unabhängig davon, ob das Establishment der "Wissenschaft" Physik die vorgenannten Erkenntnisse leugnet, geht kein Weg daran vorbei, daß sich Einsteins Postulationen einer Nichtexistenz des Äthers und einer nicht nur absoluten, sondern auch noch relativen Konstanz der Lichtgeschwindigkeit (also gegenüber sich beliebig bewegender Körper) nicht mehr halten lassen: sie sind falsch!

Licht hat seine Geschwindigkeit gegenüber dem Äther wie Schall gegenüber dem Luft.

Auch dazu Robert Laughlin: "*Die Quanteneigenschaften des Schalls stimmen mit denen des Lichts überein. Diese Tatsache ist wichtig, da sie alles andere als offensichtlich ist, wenn man davon ausgeht, daß Schall eine kollektive Bewegung elastischer Materie ist, Licht dagegen angeblich nicht.*"

Licht ist eine Schwingung des Äthers wie Schall eine der Luft ist.

Damit stellt sich auch endlich wieder die Allgemeingültigkeit von Theorien ein und die Ausnahme für Licht, daß es keine Schwingung eines Mediums sei, ist widerlegt.

Und es gibt noch eine Bestätigung dafür, daß Licht Schwingungen des Äthers ist. Maxwell erstellte die Formeln für die Elektromagnetik **mit** dem Äther! Er hätte, wenn er bei Einsteins Postulation des ätherfreien Alls noch gelebt hätte, sicherlich sein Veto eingelegt, denn: Licht ist eine elektromagnetische Welle, für die seine Gleichungen ebenfalls gelten.

Nun hat die falsche spezielle Relativitätstheorie aber noch etwas Falsches in die Welt gesetzt.
In Beschleunigern werden kleinste Teilchen wie Elektronen oder Protonen oder Ionen auf Geschwindigkeiten bis nahe an die Lichtgeschwindigkeit beschleunigt. Die Wucht, mit der sie dann das zerstören, was sie sollen, berechnet sich als Impuls aus Masse mal Geschwindigkeit. Nur, welche Geschwindigkeit?
Lichtgeschwindigkeit als maximale Geschwindigkeit kann es nicht sein, denn die angerichteten Zerstörungen sind um ein zigfaches höher, als das Teilchen bei Lichtgeschwindigkeit in der Lage wäre, anzurichten.
Man merkte also, daß der Impuls mit dem relativistischen Faktor bewertet werden muß, damit er in der Höhe heraus kommt, die zu den Zerstörungen passen.

Da die Impulsformel nur Faktoren enthält, wurde der relativistische Faktors nur pauschal hinzu gefügt, ohne Spezifizierung dessen, zu was er eigentlich gehört, zur Zeit, zum Weg (Geschwindigkeit) oder zur Masse.
Aus der Formel erfolgten dann physikalische Interpretationen. Sie ergaben mit den mathematisch möglichen Verknüpfungen des relativistischen Faktors mit der Zeit eine höhere Geschwindigkeit, mit der Länge eine Längenkontraktion und mit der Masse eine Massenvermehrung.

Das 'Nichtnachdenken' führte dann sogar so weit, daß Geschwindigkeitserhöhung **und** Längenkontraktion **und** Massenvermehrung gleichzeitig bestünden, obwohl der relativistische Faktor nur **einmal** in der Formel enthalten ist. Völliger Irrsinn.

Aber selbst dann, wenn jedes der drei allein möglich sein sollte: wer oder was bestimmt dann, welches sich einstellt? Ein Unding.

Was ist wahr?

Zeitdilatation ist, wie im Kapitel zuvor beschrieben, ein mechanischer Vorgang, nämlich das langsamere Umkreisen der Elektronen um ihre Atomkerne. Das bedeutet, daß die Zeit langsamer läuft. Und das kann nur zu einer Erhöhung der Geschwindigkeit führen. Die allerdings ist keine gegenüber dem Äther bzw. gegenüber den Raumkoordinaten, sondern nur eine im Inneren des bewegten Objekts. Ein Teilchen in einem Beschleuniger besitzt z. B. eine mit seiner Uhr gemessene zigfach höhere Geschwindigkeit als die von außen gemessene fast Lichtgeschwindigkeit. Das heißt nichts anderes, als daß der relativistische Faktor nur in der Zeit existiert und gar nicht zu anderem wie Länge oder Masse hin verschoben werden darf.

Und es bedeutet, da der wirksame Impuls der ist, der sich aus der relativistischen Geschwindigkeit bildet, daß die Newtonsche Physik grundsätzlich relativistisch ist. Die mathematisch theoretisch möglichen Massenzunahmen und Längenkontraktionen gibt es in der Natur nicht! Beides sind rein mathematische Fiktionen.

Von der speziellen Relativitätstheorie bleibt nur übrig, daß die Zeit in bewegten Objekten langsamer läuft. Das ist alles und kann keine Theorie füllen. Es ist nur ein Natur-Prinzip.

Die allgemeine Relativitätstheorie

Die spezielle Relativitätstheorie war schon etwas, das sich nicht verbal erklären lassen konnte. Die allgemeine Relativitätstheorie kann es noch weniger. In Österreich wird jedes Jahr ein "Wissenschaftler des Jahres" gekürt. In 2014 war es Wolfgang Baumjohann, ein Physiker, der aus Norddeutschland stammt und sich mit der Plasmaphysik im Weltall beschäftigt. Aber nicht deswegen wurde er gekürt, sondern, weil er der Öffentlichkeit verstehbare Erklärungen zu Verständnisbildungen liefern kann wie z. B. so etwas: *"Ist Theorie nicht erklärbar, ist sie Unsinn"*.
Damit besteht schon eine erste **physikalische** Wertung der allgemeinen Relativitätstheorie, egal ob Baumjohann an sie überhaupt dachte oder nicht, denn sie paßt treffend. Eine gleichartige Bewertung physikalischer Dinge machte auch Paul Dirac: *"Eine Theorie ist entweder kurz, oder falsch"*.

In Deutschland bleiben Physiker lieber unter sich. Anscheinend haben sie auch Nagst, Widersprüche zu ernten. Und genau das dürfte auch passieren. Eine solche Aussage wie von Baumjohann dürfte in Deutschland auch kein Physiker machen, denn hier herrschen Ansichtsmonopole von sich nicht öffentlich zeigenden Fach-"Päpsten". Jede Veröffentlichung geht unbemerkt durch Zensurbeobachtungen und wird im Zweifel verweigert, mit der nicht ausgesprochenen Begründung, daß kein Unsinn durchgelassen werden dürfe. Nur: Was ist Unsinn? Gelingen Veröffentlichungen dennoch, wie eben auch diese, dann werden sie gemobt. In allen Verlagen und Redaktionen sitzen getreue Anhänger der nur erlaubten Schullehre. Es gibt keine bessere Organisation, Fortschritte in der Wissenschaft zu verhindern. Meinungsfreiheit oder gar eine Forschungsfreiheit? Das kann doch nur zum Chaos führen!

Die Natur ist nur dinglich, Geister gibt es nicht. Also müssen Theorien auch Dingliches zu Grunde liegen. Genau das ist auch bei der allgemeinen Relativitätstheorie nicht der

Fall. Also: Was soll sie eigentlich sein? Daß man sie nicht verstehen kann bis auf ganz wenige aller höchst intelligente Menschen, ist eher eine Kriterium dafür, daß sie Unsinn ist denn eines für eine Sinnhaftigkeit. Die, die meinen, daß sie sie verstehen, verstehen ihre Mathematik, nicht aber ihren physikalischen Inhalt, denn, der existiert überhaupt nicht. Also kann sie auch gar nicht verstanden werden können. Aus diesem Grunde hat Einstein für die allgemeine Relativitätstheorie auch keinen Nobelpreis bekommen, sondern nur für seine Erklärung des Photoeffektes.

Baumjohann sagte in einem TV-Interview noch etwas, das in Deutschland fast Blasphemie ist: Forscher haben ihre Ergebnisse auch dem vorzulegen, der sie bezahlt! Und das ist die Allgemeinheit.
Nur, dazu müßten die Erkenntnisse auch verständlich dargestellt werden können. Aber das gelingt nur in wenigen Fällen. Warum? Weil sie nicht richtig sind.
Richtiges läßt sich, wie Paul Dirac erkannte, immer und einfach verständlich erklären. Das wird für die allgemeine Relativitätstheorie ab hier gemacht.

Es gibt Gesetze in der Natur, die so trivial sind, daß sie insbesondere von mathematischen Physikern nicht mehr für voll genommen werden. Eines ist folgendes:

Ein Großes ist die Summe von vielem Kleinem.

Daß ein Ganzes mehr als die Summe seiner Teile ist, bezieht sich auf Funktionismen, nicht auf Dinglichkeiten. Die allgemeine Relativitätstheorie präsentiert eine geistige Vorstellung des Großen der Natur, ab etwa Atomgröße aufwärts. Für das Kleine existiert die sogenannte Quantenmechanik. Dieses Kleine läßt sich aber nicht mit dem Großen der allgemeinen Relativitätstheorie zusammen fügen! Deswegen sind auch viele Forscher damit beschäftigt, ei

nen Verbindungsweg vom Kleinen zum Großen zu finden.
Der wird mit Vereinheitlichung bezeichnet. Findet sich dieser nicht substanziell, so sucht man mathematische Pfade, es trotzdem hin zu bekommen. Und das auf mathematischen "Schleichwegen", möglicherweise sogar mit Erfolg. Entsteht dann daraus im Nachhinein aber auch keine dingliche Verbindung, ist alles vergebens.
Entweder, man findet die dingliche Verbindung vom Kleinen zum Großen oder es ist etwas falsch, im Kleinen oder Großen oder gar beidem.

Nun sind in der Quantenmechanik für das Kleine die meisten Theorien durch Experimente bestätigt. Für das Große aber, also für die allgemeine Relativitätstheorie, ist außer gravitationsbedingten Vorgängen so gut wie nichts experimentell bestätigt. Insbesondere das, was es mit der überdimensionalen sogenannten Raum/Zeit auf sich hat.

In der allgemeinen Relativitätstheorie steckt die spezielle auch mit drin, nämlich mit der Postulation, daß Licht von allem unabhängig in jeder Richtung und zu jedem Bezug immer gleich schnell ist. Daß das aber nicht stimmt, haben das Michelson- und Hafele-Kaeting-Experiment und der Lichtkreisel gezeigt. Schon allein damit ist die allgemeine Relativitätstheorie also schon falsch.

Es ist aber noch etwas falsch.
Einstein suchte einen Fixpunkt für die Welt. Er fand einen: in einem kräftefrei fallender Körper. Das ist jedes Objekt, das frei fällt: jeder fallende Bleistift oder ein geworfener Stein oder ein frei schwebendes Raumschiff.
Nach Newton's Trägheitsgesetz bewegt sich ein kräftefreier Körper auf geraden Weg mit konstanter Geschwindigkeit. Wie brachte Einstein zusammen, daß diese Körper auf Wurfparabeln fallen, die krumm sind?
Artistisch:
Wenn die ballistische krumme Kurve gerade sein soll, dann

ist eben das Drumherum, also der Raum, krumm. Die "Raumkrümmung" war geboren. Nicht, weil sie gemessen wurde, sondern aus einer Logik. Einstein ließ seine Frau die entsprechende komplizierte Mathematik dafür entwickeln, da er im Studium Mathematik vernachlässigte im Glauben, Physik gehe ohne sie. Das tut sie auch, aber nicht mit solchen Logiken, sondern nur mit dinglich Gemessenem. Einstein überließ später auf Schleichwegen die Dotierung seines Nobelpreises seiner Frau, die aber trotzdem ihre Überzeugung behielt, daß der eine die Perle, der andere die Schachtel erhielt.

Einstein's Fixpunkt, der kräftefreie Körper, kann aber gar kein Fixpunkt sein. Denn eines darf ein Fixpunkt auf keinen Fall besitzen: eine Newton'sche Bewegung. Sichten aus Bewegungen heraus sind relativ und relativ ist falsch, nur absolut ist richtig. Ein Fixpunkt muß also nicht nur kräfte-, das ist beschleunigungsfrei, sein, sondern auch noch bewegungsfrei. Ein Körper, der sich auf einer ballistischen Bahn befindet, ist zwar beschleunigungs-, nicht aber bewegungsfrei, denn er legt ja eine horizontale Strecke zurück. Und selbst wenn er nur senkrecht fiele, könnte er auch da noch eine Newton'sche Bewegung in der Vertikalen besitzen. Die hat er nur dann nicht, wenn er mit genau Fluchtgeschwindigkeit auf die Erde fällt. Denn nur dann hat er niemals eine Newtonsche Beschleunigung erhalten, kommt der Erde einzig durch Gravitation entgegen. Damit ergeben sich aber keine Raumkrümmungen mehr! Das ergibt:

Die allgemeine Relativitätstheorie ist definitiv falsch.

Der Äther ist das, was den Fixpunkt der Welt darstellt. Er wird in der Alternativphysik (die es gar nicht geben dürfte, den heutigen Zustand der Physik aber aufdeckt) als Zero-Point Field ZPF bezeichnet. Bewegungen ihm gegenüber sind absolut. Und diese sind das Maß für die Zeitdilatation.

Da eine Lichtgeschwindigkeit, die zu jedem sich beliebig bewegenden Körper konstant sein soll, nicht in einem dreidimensionalen Raum möglich ist, wurde die Welt Einsteins auch noch mathematisch überdimensional, inzwischen bis in die elfte Dimension.

Mathematik brachte die größten Irrtümer in die Physik wie Überdimensionen, Raum-Zeiten, Längenkontraktionen und Massenvermehrungen. Alles das ist dinglich **noch nie** nachgewiesen worden und stellt rein mathematische Phantasterei dar.

Die häufigsten Begründungen für eine Richtigkeit der allgemeinen Relativitätstheorie sind, "die Rechnungen stimmen!" Aber nicht alle! Selbst viele stimmige Rechnungen sind aber noch lange kein Kriterium für Richtigkeiten physikalischer Theorien. Wenn Mathematik in diesem Fall etwas zur Physik beitragen kann, dann nur umgekehrt: nicht die Zahl der richtigen Rechnungen entscheiden, sondern ob auch nur eine einzige Falsche dabei ist. Denn:

Eine physikalisch richtige Theorie
führt <u>niemals</u> zu falschen Rechnungen.

Die allgemeine Relativitätstheorie ist genau so wenig wie die spezielle eine physikalische Theorie. Sie ist nur eine ausufernde Mathematik auf den falschen Grundlagen einer absolut und relativ konstanten Lichtgeschwindigkeit und eines Fixpunktes mit einem nur kräftefreien Körper.

Was ist nun mit der Vereinigung des Großen und Kleinen? Ganz einfach: es gibt nur weniger oder mehr Kleines. Und das im Bett des Kosmos, dem Äther. Er ist der Fixpunkt für alles. Ohne ihn gibt es überhaupt nichts. Joseph Larmor, dessen Lehrstuhl nach ihm von Paul Dirac übernommen wurde, postulierte schon, daß Materie nur 'eine andere Form' des Äthers ist.
Das verwirrende am Äther als Fixpunkt aber ist: er kann

sich bewegen! Und diese Bewegungen unterscheiden sich geometrisch in nichts von Newton'schen Bewegungen. Und ausgerechnet da, wo wir wohnen, auf der Erdoberfläche, bewegt sich der Äther, und das auch noch beschleunigend!

Fallen ist eine reine Ätherbewegung mit allem, was sich in ihm befindet. Gravitation ist also eine Bewegung des Fixpunktes! Deswegen spürt ein Körper im Fall auch keine Beschleunigung: er wird gegenüber dem Fixpunkt der Welt ja auch gar nicht beschleunigt sondern nur gegenüber Erdoberfläche. Daß die Erdoberfläche aber nicht das Koordinatensystem der Welt sein kann, ist ja nicht unbekannt. Sonst hätte Einstein gar keinen anderen Fixpunkt gesucht.

Zur Kompliziertheit der allgemeinen Relativitätstheorie noch eine Erkenntnis von Johann Wolfgang von Goethe: *"Alles ist einfacher als man denken kann, aber verschränkter als zu begreifen ist"*. Einsteins mathematische Physik hat sich so in die Verschränktheiten eingewickelt, daß sie ohne Hilfe von außen da nicht mehr heraus kommt.

Eine separate Theorie für das Große kann es gar nicht geben: Großes ist die Summe von Kleinem!

Der heutige Zustand der Physik wird auch von Robert B. Laughlin, Nobelpreis Physik 1998, treffend so beschrieben: *"Wie sich herausstellt, ist unsere Beherrschung des Universums weitgehend ein Bluff – große Klappe und nichts dahinter. Die Behauptung, alle wichtigen Naturgesetze seien bekannt, ist schlicht und einfach ein Teil dieser Täuschung. Die Grenze ist immer noch in unserer Nähe, und hier geht es nach wie vor ziemlich ungesetzlich zu."*

Das "Gesetzliche" sind physikalische Regeln. Die kennt die Mathematik aber nicht.

Überdimensionen gibt es nicht!

Gravitation

Für die Physik als Wissenschaft zur Erklärung dessen, was die Natur wie macht, ist Gravitation eines der großen Rätsel. Aber, auch dieses löst sich physikalisch logisch mittels Bewegungserkennungen.

Beginnen wir aber erst mit den Problemen neuer Theorien. Theorien sind Aussagen über einen Funktionismus in der Natur. Richtige sind in aller Regel in einem Satz ausdrückbar. Falsche - führen dagegen zur Füllung von Bücherbänden bis ganzen Regalen. Für das Problem Gravitation gibt es diese Füllungen. Eine richtige, damit neue Theorie kann diese Masse an bestehendem falschen Gedankengut leider nicht einfach so mit drei Sätzen wegwischen, da dieses in schulisch erstellten methodisch-didaktisch-rhetorischen `Kunstwerken´ vorliegt. Diese zu revidieren ist schwierig und die Bereitschaft dazu Null. Selbst nachweislich Falsches wird trotzdem weiter gelehrt, da Neues anfangs auch noch nicht in mathematischen Formalismen vorliegt, die aber die Schul-Exerzier-Werkzeuge für die selbstdenkenunterdrückende Geistesentwicklung von Schülern und Studenten bilden.

Die richtige Theorie für die Gravitation muß in einem Satz sagen können, **was** Gravitation ist und wie sie wirkt. Aus diesem **einen Satz** heraus müssen sich **alle** Fragen beantworten, die mit Gravitation zu tun haben. Die Gravitationstheorie muß zu aller erst sagen, **warum** die Gravitationswirkung mit dem Quadrat zum Abstand nachläßt. Bisher wird diese Abhängigkeit nur benutzt, da sie meßtechnisch festgestellt wurde, ohne aber zu wissen, warum das so ist.

Neben der allgemeinen Relativitätstheorie gibt es zwei Kraft- und zwei geometrische Theorien. Die geometrischen Theorien sind die Feld- und Minimalwegtheorie, die wenig physikalische Aussagen machen, also mehr Rechenmodelle sind. Krafttheorien sind die Anziehungs- und die Druckkrafttheorie. Daß ein frei fallender Körper trotz sichtbarer Fallbeschleunigung aber keinerlei Beschleunigung in sich verspürt, stellt die Krafttheorien in Frage. Untersuchen wir zunächst das Kraftproblem, bevor wir zu den Bewegungen kommen.

Eine Gravitationskraft drücke oder ziehe uns angeblich auf den Boden. Was sagen Newtons Kraft-Prinzipien? Eine Kraft gibt es nicht, es müssen immer paarweise Aktions- und Reaktionskräfte vorliegen. Also sind sie zu finden. Das ist Pflicht und schon immer so gewesen. Aber: schon immer ignoriert.

Nun ja, wir drücken auf die Erde und die drückt zurück, wo ist das Problem? Da ist ein Problem: Newtonsche Kräfte sind **kinetische**! Eine kinetische Kraft kann nur entstehen, wenn auf einen Körper so eingewirkt wird, daß er sich beschleunigt.
Dann ist die Gravitationskraft halt nur eine statische, die Terminologie in der Technik ist ja auch so. Diese technische Sichtweise ist physikalisch jedoch nicht stichhaltig, denn, wir fühlen ja eine Beschleunigung, haben uns nur daran gewöhnt und nehmen sie dadurch nur nicht mehr als Einwirkung auf uns wahr, sondern glauben, wir würden auf unsere Unterlage drücken.

Um die Beschleunigung aus der Gravitation richtig zu erkennen, folgendes Experiment. Wir sitzen mit geschlossenen Augen, damit das Optische das Gefühl nicht ablenkt, in einem Auto. Der Fahrer gibt Gas und wir werden mit dem Rücken in die Lehne gepreßt. Scheinbar, denn in Wahrheit drückt uns die Rückenlehne vorwärts, beschleunigt uns.
Wie liegen wir mit dem Rücken im Bett an? Genau so wie im Auto. Das heißt, wir werden auch durch das Bett beschleunigt, nur nach oben! Wir könnten träumen, wie im

Auto mit einem g beschleunigt zu werden. Machen wir die Augen aber auf, sehen wir, daß wir in Richtung nach oben gar nicht schneller werden, uns sogar überhaupt nicht bewegen. Aus diesem Grund haben wir Beschleunigungen nach oben aus der Wirkung der Gravitation aus den Auswertungen unserer Gefühle ausgeblendet, zumal uns in der Schule gelehrt wurde, wir würden auf die Erde drücken.

Was ist nun wirklich?
Das sagt Einstein richtig: die Beschleunigung durch die Erdoberfläche auf uns ist die gleiche wie die, die wir im Weltraum fernab von Gravitation vom Boden einer Fahrstuhlkabine bei dessen stetiger Beschleunigung erhalten. Das heißt explizit:

Der Untergrund übt eine Newtonsche Beschleunigung von unten nach oben auf uns aus.

Diese Beschleunigung ist einfachst meßbar. Man nehme einen beliebigen Beschleunigungsmesser und stelle ihn in vertikaler Meßrichtung auf den Boden oder auf den Tisch. Er zeigt eine Beschleunigung von unten nach oben von ein g an. Daran gibt es nichts zu rütteln, außer man will betrügen, denn Meßgeräte lügen nie! Die wissen ja auch gar nicht, wo sie messen. Ein Beschleunigungsmesser weiß nur eines: er mißt Beschleunigungen, egal wo er ist.

Nicht wir drücken also auf den Untergrund, sondern er drückt uns nach oben. Beschleunigungen, die wir in uns verspüren, sind immer **R**eaktionskräfte und keine Aktionskräfte. Fällt die Beschleunigung von unten weg, z. B. während eines Sprunges ins Schwimmbad, sind wir kräftefrei. und fallen uns unmerkbar beschleunigend. Was spüren wir im freien Fall? Nichts, also keine Beschleunigung. Das zeigt uns eine verrückte Welt: wir fühlen Beschleunigung nach oben, obwohl wir ruhig z. B. im Bett liegen und wir werden im Fall nach unten schneller, obwohl wir keine

Beschleunigung verspüren.

Schwerkraft ist vergleichbar mit Fliehkraft. Auch sie gibt es nicht. Das ist inzwischen an Hochschulen eingeflossen, nicht aber in Grundschulen und bei Lehrbuchschreibern angekommen. Fliehkraft und Gravitationskraft sind lediglich **Re**aktionskräfte.

Ein Körper allein kann niemals eine Kraft auf einen anderen erzeugen, er müßte sich ja gegen irgend etwas abstützen. Sitzen wir im Auto, so können wir von uns aus niemals eine Kraft zur Seite erzeugen, die sich so anfühlt wie die Fliehkraft.

Daß man Fliehkraft und Gravitationskraft einen Namen gegeben hat, obwohl sie nur Reaktionskräfte sind, verführt zum Glauben, daß sie Aktionskräfte seien. Auf Kreisbahnen ist die Zentri**petal**kraft die Aktionskraft, bei der Gravitation die vom Untergrund ausgehende Beschleunigung <u>nach oben</u>, die jeder Beschleunigungsmesser anzeigt.

Kommen wir damit zu den Bewegungen. Wir werden beschleunigt, ohne in Bewegung zu kommen und wir fallen beschleunigt, ohne Beschleunigung zu verspüren. Wer, wie, wo, was bewegt sich dabei und was nicht?

Gott sei Dank läßt sich Newtonsche Bewegung **absolut** messen, sogar ohne jegliches geometrisches Bezugssystem. Absolute Bewegung heißt für die Newtonsche Physik, daß sie sich auf das bezieht, worauf sich die Newtonsche Physik selbst bezieht. Das ist der Äther. Auf ihn bezogen sagt die Zeitdilatation, wie schnell sich ein Körper gegenüber ihm bewegt. Zeitdilatation läßt sich dadurch bestimmen, daß von Objekten emittiertes Licht untersucht wird. Sterne glühen, so daß sie Licht aussenden. Kalte Körper in Experimenten müssen mit Lichtquellen bestückt werden. Leuchtdioden, besser noch Laser, senden nur Licht mit einer bestimmten Farbe aus, das ist eine bestimmte

Frequenz. Zeitdilatation führt dazu, daß diese Frequenz geringer wird. Die Farbe des Lichts verschiebt sich dadurch zum Roten hin. Das ist exakt meßbar. Das Meßgerät muß jedoch mit einer Uhr messen, die keine Zeitdilatation besitzt. Eine solche Uhr kann es hier auf der Erde nicht geben, jedoch läßt sie sich so einstellen, indem man ihre Zeitdilatation berücksichtigt.

Ist also durch seine Zeitdilatation ermittelt, daß sich ein Körper soundso schnell bewegt, so bewegt er sich genau soundso schnell gegenüber dem Äther.
Wenn ein Körper aber eine Zeitdilatation besitzt und doch ruhig hier liegt? Ja, was dann?
Richtig: dann bewegt sich halt der Äther. Und?
Er tut es!

Damit ist noch einmal über das Ding Äther zu sprechen.
Der Begriff beschreibt einen `Stoff, der die scheinbare Leere des Weltraums ausfüllt, wo er auch das Medium stellt, das es dem Licht ermöglicht, als Welle durch den Weltraum zu fließen. Einstein schaffte diesen Äther auf Grund *seiner* Bewertungen der Ergebnisse des Michelson-Morley-Experimentes ab. *Er* brauchte den Äther für *seine* Ansichten über die Natur nicht. Und da er zu seiner Zeit Meinungsführer in der Wissenschaft war, setzte sich diese seine Meinung gemäß dem Gutachterparadigma der Physik durch.
Maxwell hätte aber sein Veto eingelegt, lebte zu der Zeit aber nicht mehr. Physik hat aber Wahrheiten zu suchen und nicht Meinungen. Von Wahrheiten zu finden hat sich die moderne Physik aber schön längst verabschiedet. Ihr genügt es, daß sie "widerspruchsfrei" ist. Das bedeutet: wo kein Kläger, da kein Richter. Theorien sind also nur so lange richtig, bis jemand widerspricht.
Die Folge von all diesem: es ist verboten, in physikalischen Publikationen richtig oder falsch zu verwenden. Und das

soll die Königswissenschaft Physik sein? Es ist eher eine Blamage.

Unter Äther ist vorzustellen, daß er etwas ist, das als Hinter- oder Untergrund überall ist, in uns, in der Luft, in Atomen, in kleinsten Teichen, einfach überall bis ins feinst Denkbare. Äther ist eine `Wolke´, die den gesamten Kosmos mit all seinen darin befindlichen Objekten bildet. Er ist unsichtbar und hat keine Masse, sonst würde er bewegte Himmelskörper abbremsen und die Erde wäre in den vier Milliarden Jahren ihres Bestehens längst in die Sonne gestürzt. Äther ist nach Newtonscher Physik ein Nichts. Aber, er ist da, sonst gäbe es keine Zeitdilatation und diese läßt sich nicht anders erklären, denn mit einem Nichts kann es keine unzweifelhaft und vielfachst nachweisbare Wechselwirkung in einem bewegten Objekt wie die Zeitdilatation geben können. Diese Schlußfolgerung der Existenz eines Äthers ist nicht nur nicht erlaubt, sondern **muß** sogar zwingend gezogen werden, sonst kann die ganze Physik einpacken, sie wäre nicht mehr logisch.

Daß sich der Äther tatsächlich bewegt, z. B. auf dem Bett liegend durch uns durch, beweist sich eindeutig dadurch, daß wir eine Zeitdilatation besitzen, die genau zur Fluchtgeschwindigkeit der Erde gehört. Das ist die Geschwindigkeit, mit der ein Objekt ohne eigene Newtonsche Bewegung auf die Erde prallt. Der Mensch befindet sich damit in der für die Erkundung von Bewegungen in der Natur ungünstigsten Position, in einem Schlund mit in diesen sich sogar beschleunigend einfallenden Äther. Sein Bewegungsstatus ist relativ zur Erde null, mit Erde und Sonne und Galaxie bewegt er sich aber kosmonal absolut gegenüber den Koordinaten des Kosmos. Da muß ihm ja geistig schwindlig werden!

Der Äther ist aber noch mehr, nicht nur Medium für Lichtwellen und Verursacher der Zeitdilatation, sondern auch

`Bett´ für materielle Körper. Auch diese Idee ist eine logische Schlußfolgerung. Woher?

Wir stellten fest, daß wir vom Äther vertikal von oben nach unten durchströmt werden. Wenn ein losgelassener Körper nach unten fällt, so muß es etwas geben, das ihn mitnimmt. Eine Kraft ist auszuschließen, Geister ebenfalls. Übrig bleibt der Äther. Er könnte, wenn er nach unten fließt, Körper mitnehmen.

Dazu Beispiele aus normalen Geschehen. Unser Gehirn im Kopf liegt in einem Wasserbad. Darin merkt die Gehirnmasse Stoßbeschleunigungen nicht. Sie würde diese bei weitem auch nicht aushalten. Das gleiche gilt für Embryos in ihrer Fruchtblase.

Für Jet-Piloten wurde ein Anti-g-Anzug entwickelt, der ein Wasserbad simuliert: Flüssigkeit in im Anzug eingenähte elastische gummierte Stoffröhren umhüllen den Piloten (allerdings ohne Kopf), so daß äußere Beschleunigungen nur noch teilweise auf ihn einwirken.

Die Erkenntnis: ein in einem Wasserbad schwimmender Körper spürt keine Beschleunigungen des Wasserbades selbst. Dafür steigt bei Beschleunigung aber der Druck im Wasser. Das nimmt der Körper aber nicht wahr, man frage Taucher. Wenn also Körper in einem Medium schwimmen, das sich beschleunigt, so werden sie mitgenommen, ohne daß sie es merken! Dazu noch ein weiteres Beispiel: ein Schwimmer im Meer in Ruhelage auf dem Wasser und geschlossenen Augen merkt nicht, wie er durch Wellen auf und ab bewegt wird, obwohl dabei wechselweise Beschleunigungen auftreten.

Bei der Gravitation liegt eine solche Erscheinung vor: Beschleunigung, ohne daß es betroffene Körper merken. Welche Folgerung **muß** da gezogen werden? Gravitativ beschleunigte Körper liegen in einem Bad, das sie umgibt! Das `Badwasser´ ist der Äther und hat fluides Verhalten. Das wiederum ist nicht neu: nach Paul Dirac, Nobelpreis

1933 und Entdecker der Antimaterie, ist schon des längeren das Vakuum des Weltalls als `Dirac-See´ kreiert, in dem alles Materielle schwimmt. Dirac selbst benannte das Substanzielle des scheinbar leeren Weltraums, also des Äthers, im Unterschied zu Antimaterie `negative´ Materie. Weiter ist bekannt, daß der geometrische Raum vollkommen `besetzt´ sein muß, sonst würden Atombausteine nicht beieinander bleiben können und Materie einfach zerfließen. Auch die moderne Physik für die Kernkraft weiß, daß der geometrische Raum einen Inhalt hat, mit einer aus der Energie-Masse-Äquivalenz sogar sehr hohen `Dichte´. Diese sei noch höher als die, die Neutronensterne besitzen, bei denen sich alle zu Neutronen gewordenen Kernbausteine berühren.

Wenn mehrere voneinander unabhängige Naturgeschehnisse wie hier Zeitdilatation bei Bewegungen im All **und** in Gravitationsfeldern **und** die trägheitslose Mitnahme von Materie auf einen gemeinsamen gleichen Ursprung, nämlich die Existenz eines Äthers, rückführbar sind, bestätigt das, daß dieser Ursprung eine Wahrheit sein muß.

Gemeinsamer Ursprünge für Geschehnisse ist ja auch das meist Gesuchte in der Physik. Die Existenz des Äthers ist aber nicht nur Grundlage dieser Geschehnisse, sondern für noch mehr, wie sich noch zeigen wird. Eines ist aber jetzt schon klar: mit dem Äther befindet man sich auf dem richtigen Pfad, der zur Zentralisierung der Erklärung aller Naturphänomene führt.
Damit ist gefunden, was Gravitation ist:

<u>Gravitation ist Fluß von Äther in Materie hinein</u>

Das heißt: **Materie frißt Äther!** Umgangssprachlich: Die Erde frißt Weltraum, mit allem, was darin ist. Nur drei Worte stellen die vollumfängliche Erklärung des Naturphänomens Gravitation dar. Und es ist ein neues Natur**gesetz!**

Und es bestätigt Dirac's Meinung, daß Theorien kurz sind oder falsch.

Das bisherige Gesetz, Materie übt gravitative Wirkungen aus, wird nun zu einem Ätherfluß-**Prinzip**.
Mit dem neu gefundenen Prinzip, daß Gravitation Fluß von Äther in Himmelskörper hinein ist, ergibt sich nun zum erstenmal die Erkenntnis, **warum** die Gravitationswirkung quadratisch zum Abstand verringert. Das war bisher völlig unbekannt. **Daß** die Gravitationswirkung quadratisch zum Abstand abnimmt, war bisher nur ein Beobachtung!

Das natürliche Koordinatensystem der Ätherströmungen ist der Schwerpunkt materieller Körper. Auch wenn sie sich bewegen. Sie saugen damit wie ein Staubsauger Äther aus ihrer Umgebung an. Das ist die Ursache dafür, daß das Michelson-Morley-Experiment keinen Ätherfahrtwind in Höhe der Umlaufgeschwindigkeit der Erde um die Sonne fand. Aber es maß einen Ätherwind in Höhe der Umfangsgeschwindigkeit der Erdoberfläche um die Erdachse in Bezug zum Sternenhimmel! Dieser kleine Fahrtwind blieb aber unbeachtet. Pech gehabt!

Die Frage, wie schnell sich die Gravitationswirkung ausbreitet, wenn sich ein Körper im Raum verlagert, wird bisher mit der Lichtgeschwindigkeit beantwortet. Das ist zu hinterfragen, denn der Äther ist vollkommen masselos, also nicht durch die Lichtgeschwindigkeit begrenzt. Es ist nicht unwahrscheinlich, daß sich der Äther mit unendlicher Geschwindigkeit bis in unendliche Entfernungen an Massenverlagerungen anpaßt.

Nun noch eine plastische Vorstellung, wie Gravitation wirkt. In einem großen Wasservolumen befinde sich in der Mitte ein kugelförmiges Sieb. Innerhalb des Siebs wird Wasser abgesaugt. Das Wasser fließt somit von rund herum in das Sieb hinein. Auf dem Sieb leben Kleinkrebse. Sie

können hochspringen, in alle Richtungen, genau so wie wir
auf der kugelförmigen Erde, werden von der Wasserströ-
mung aber immer wieder zum Sieb gespült, so wie auch
wir zur Erdoberfläche, nur vom Äther. Dieser ist allerdings
ein nicht greifbares Ding, fließt nicht um Körper herum
sondern durch Luft, die Erdmaterie und uns hindurch.
Körper bewegen sich durch den Äther hindurch wie im
Kino Geister durch Wände.

Aus diesem Gravitationsprinzip ergibt sich auch eine inte-
ressante neue Voraussage: wäre ein durchgehendes Loch
durch die Mitte der Erde vorhanden, würde ein in es
fallendes Objekt in der Erdmitte stehen bleiben, da der
Ätherfluß dort zum Stillstand kommt. Das gilt für ein
Objekt, das aus dem Unendlichen ohne eigene Geschwindigkeit **gegenüber dem Äther** in das Loch der Erde fällt.
Ein von der Erdoberfläche hinein fallender Körper dagegen
hätte eine eigene Geschwindigkeit gegen die Ätherbewegung in Höhe der Fluchtgeschwindigkeit, die er nach
Newtons Trägheitssatz beibehält. Er würde also schon vor
dem Erdmittelpunkt zum Stillstand kommen. Die Ätherbeschleunigung geht in bestimmter Tiefe in eine Verzögerung
über.
Warum ist man im freien Fall schwerelos? Weil man von
Äther wie von umgebendem Wasser mitgenommen wird.
Unser Gewicht entsteht erst dann, wenn uns eine Unterstützung eine Gegenbeschleunigung gegen den sich beschleunigend einfließenden Äther verleiht.

Das Michelson-Morley-Experiment hätte den Äther`wind´
in der Vertikalen messen können. Man kam nur nicht rauf
die Idee, daß da etwas sein könnte.

Was gibt es für experimentelle Beweismöglichkeiten für
die Ätherflußtheorie?

Erfährt ein fallender Körper während des Fallens eine Zeitdilatation, ist sie falsch, wenn nicht, ist sie richtig. Die Voraussage ist also: ein nur gravitativ fallender Körper, das ist der, der mit der Fluchtgeschwindigkeit fällt, hat keine Zeitdilatation. Auf der Erde dürfte ein Körper während seines Fallens keine Zeitdilatationserhöhung erfahren. Das ließe sich im Fallturm bei Bremen exakt nachweisen lassen.

Warum sollte Äther in Materie einfließen?
Wie schon gesagt, ergibt sich aus dem Energieinhalt des Vakuums eine Materiedichte, die höher ist als die `normaler´ Materie, selbst wenn es ein Neutronenstern wäre. Somit ist Materie für das nach der Energie-Masse-Äquivalenz dichtere Vakuum ein auffüllbarer Stoff. Das größte Paradoxon der Welt heißt somit: Feste Körper sind ein Loch in dem scheinbaren Nichts des Weltraums!

Was passiert mit dem in Himmelskörper einfließenden Äther? Der Jupiter gibt mehr Energie in den Weltraum ab, als er von der Sonne empfängt, obwohl er selbst keine erzeugt. Wo kommt die her? Auf der Erde verschieben sich Kontinentalplatten. Warum? Nicht, weil es Vulkanismus gibt, der wäre auf örtliche Löcher beschränkt und würde aus dem Erdinneren noch Volumen raus lassen, womit die Erdhülle noch fester zusammen gedrückt würde. Die Erde wächst, wird größer, weshalb die äußere feste Hülle in großem Maßstab aufplatzt. Ungleiche Kräfte in den Spalten führen dazu, daß eine Seite gewinnt und die schwimmende Platte damit zur anderen Seite hin drückt. Die Theorie einer wachsenden Erde ist ja auch schon lange geboren. Weiter besitzt die Sonne eine Rotation, die nach allen Berechnungen seit ihrer Entstehung zu langsam ist. Wodurch hat sie ihre (an jungen Sternen zu beobachtende) hohe Rotation verloren? Das ist ein seit längerem bestehendes Rätsel und könnte durch die Massenzunahme durch das Einfließen des Äthers in sie verursacht sein.

Die folgenreichste neue Erkenntnis zur Gravitation aber ist:

Eine Gravitation<u>skraft</u>
wie ein Graviton gibt es nicht!

Ein los gelassener Körper wird vom in die Erde strömenden Äther einfach nur mitgenommen. Kräftefrei, schwerelos. Der Äther ist das Fruchtwasser, in dem alle Körper 'schwimmen'.

Um auf einem Himmelskörper auf gleicher Höhe bezogen auf deren Schwerpunkte bleiben zu können, muß ein Körper eine stetige Beschleunigung gegen die Beschleunigung erhalten, mit der sich der Äther als Fixpunkt der Welt nach unten bewegt. Die Beschleunigungskraft nach oben gegen die Ätherbeschleunigung nach unten wird vom Erdboden gestellt.

Die **Reaktionskraft** gegen diese Beschleunigung nach oben ist die, die das Gefühl hervorruft, wir würden nach unten gezogen, was wir als Schwere oder Gewicht bezeichnen. Ist der Untergrund nicht da, muß das Beschleunigen **nach oben** kinetisch durch Ausströmen von Masse nach unten hergestellt werden. Bei einer Rakete oder Düsenrucksack mit Gasen, bei Flugzeugen mit Luft, die von den Flügeln nach unten beschleunigt wird.

Das Beschleunigen **nach oben** kann mit jedem billigen Beschleunigungsmesser aufgezeigt werden.

Licht

Einstein wurde 'heilig' gesprochen, als seine Voraussage, daß sich Lichtstrahlen krümmen, in Beobachtungen bestätigt wurde. Ein sich in Richtung knapp neben der Sonne befindlicher Stern, durch eine totale Sonnenfinsternis am Tage sichtbar geworden, befand sich nicht mehr an seinem wirklichen Standort am Himmel, sondern durch die Biegung seiner Lichtstrahlen zur Sonne hin optisch etwas weiter weg von der Sonne.

Hätte ein Physiker gerechnet, wie ein mit Lichtgeschwindigkeit fliegender Stein auf einer Bahn zur Erde knapp neben der Sonne vorbei von dieser abgelenkt würde und dann behauptet, daß es das Licht genau so macht, hätte er Hohn und Spott geerntet. Die zuvor beschriebene Rechnung wäre als vermeintlich unsinnig überhaupt nicht gemacht worden. Aber, er hätte Recht gehabt. Daß die Bahn von Licht der eines Körpers entspricht, wäre damals völlig unglaubhaft gewesen. Richard Feynman sagte später aber: "Licht fällt!" Wie? Wie ein Stein auch, nur durch seine enorm hohe Geschwindigkeit mit einer nicht mehr sichtbaren Krümmung. Warum glaubte man es Einstein? Weil er es aus einer neuen 'Theorie' holte, die noch Neugier weckte. Einsteins Erfolg mit der Lichtkrümmung segnete später die allgemeine Relativitätstheorien gleich mit ab.

Wie erklärt sich die Ablenkung des Lichts? Licht wie alle anderen freien Objekte bewegt sich auf gerader Bahn mit konstanter Geschwindigkeit, Newtons Trägheitsprinzip.
Wogegen aber bewegt es sich?
Es bewegt sich gegenüber dem Äther.
Somit kommen bei Beobachtungen auch des Lichts die Bewegungen des Äthers hinzu, was zu den bekannten Fallkurven führt. Es bestehen also keine Unterschiede darin, wie sich ein Lichtstrahl oder Körper in Gravitationsfeldern bewegen, nur ihre unterschiedlichen Geschwindigkeiten. Beide folgen Newtons Bewegungsprinzipien.

Licht ist eine Schwingung des Äthers
wie Schall eine der Luft ist.

Auch dazu Robert Laughlin in "Abschied von der Welt-formel": "*Zu dieser Kommunikation (Problem des ultravio-letten Cutoffs), die umfangreich ist, gehört die faszinie-tende Tatsache, daß wirkliches Licht die Bewegung von etwas einschließt, was das Vakuum des Raumes ein-nimmt....*". Das ist der Äther.

Der Nullpunkt des Geschwindigkeitsmaßstabes für Licht wird, wie für alles andere auch, vom Äther bestimmt. Die maximale Geschwindigkeit des Lichts, das ist die im Vakuum, wird ebenfalls vom Äther bestimmt, er muß die Schwingungen ja ausführen.

Wenn Licht seitlich zu Himmelskörpern gezogen wird, dann **muß** es, wenn es sich senkrecht zu diesen bewegt, ebenfalls zu diesen hingezogen werden.
Licht fließt also mit seiner plus der die Gravitation darstel-lenden Äthergeschwindigkeit zu Himmelskörpern hin und seiner minus der des Äthers von ihnen weg Eine Messung in vertikaler Richtung wurde aber noch nie gemacht!

Bis heute glaubt die Wissenschaft nur das, was Einstein über das Licht postulierte, nämlich eine von allem unab-hängige absolute Geschwindigkeit, ohne jegliche meß-technische Beweise! Die Klärung dieses Sachverhalts ist aber von fundamentaler Bedeutung: Ist die Lichtgeschwin-digkeit in vertikaler Richtung um die Fluchtgeschwindig-keit verschieden, ist die ursächlich daraus entstandene Raum-Zeit auch aus diesem Grunde und damit die gesamte allgemeine Relativitätstheorie Pseudophysik. Und leider ist es auch so.

Fernwirkungen, egal welcher Art und auch für das Licht, durch ein tatsächliches Nichts hindurch gibt es nicht.

Mathematik kann durch ein Nichts "hindurch" rechnen. Die Natur macht das aber nicht. Licht ist eine Schwingung des Mediums Äther, so, wie sie Maxwell in seine Gleichungen für die Elektromagnetik einbaute und: Licht ist eine Welle, allerdings eine elektromagnetische. Warum? Das ist eine Aufgabe für die Forschung!

__In der Natur ist alles dinglich!__

Und die Natur macht auch vom Allgemeingültigkeitsgesetz, in diesem Fall für Wellen als Schwingung von etwas, keine Ausnahmen. Ausnahmen erfinden nur die Menschen, wenn sie sonst nicht weiter kommen.

Einstein ordnete dem Licht ein Photon als materiell Vorstellbares zu, weil die Wirkung des Lichts im Photoeffekt seinerzeit nur als Massenwirkung auf Elektronen als Masse-Kügelchen gedacht werden konnte. Für diese Idee bekam Einstein den Nobelpreis als Ersatz dafür, daß er sie für die allgemeine Relativitätstheorie nicht bekam. Daß, wie man heute weiß, Elektronen aber als stehende Welle ihren Atomkern umkreisen, ist für eine Wirkung auf diese eine Massenvorstellung gar nicht nötig. Es ist also gar nicht sicher, ob es Photonen überhaupt gibt. Daß die Photonenmasse aber aus einer Ruhemasse von null entstehen soll, ist eine mathematische Fiktion, die physikalisch nicht möglich, da es auch keine Massenvermehrung gibt.
Einstein erschuf mit der Photon-Idee das Problem des Welle-Teilchen Dualismus und in Folge die Quantenphysik mit. Ein physikalisches Wissen darüber, was sich tatsächlich bei Wandlungen zwischen Materie und Energie abspielt, wenn sie vom Grundsatz her überhaupt zweierlei sind, liegt aber noch in weiter Ferne.

Licht ist kein Sonderding, sondern eine nur Schwingung von Äthers, geht also mit den gravitativen Bewegungen des Äthers mit wie jedes andere Objekt auch.

Newtonsche Physik

Newtonsche Physik ist die, die **alle** Geschehnisse im Kosmos bestimmt. Ihre wesentlichsten Kenngrößen sind Masse, Länge, elektrische Ladung und Zeit. Elektromagnetische Funktionismen führen zu masselosen Naturerscheinungen wie z. B. Licht und elektrische wie magnetische Felder. Für Newtonsche Geschehnisse im Kosmos gilt:

Ein Kilogramm Materie ist und bleibt
ein Kilogramm Materie.
Ein Meter Länge ist und bleibt ein Meter Länge.
Aber: eine Sekunde Zeit ist die relativistische Sekunde.

Materie wie Länge unterliegen, wie in `Spezielle Relativitätstheorie´ festgestellt, keinerlei relativistischen Einflüssen, die sie verändern, **nur** die Zeit.

In einem sich schnell bewegenden Raumschiff verläuft die Zeit auf Grund der Zeitdilatation langsamer. Trotzdem gilt in ihm mit der sich relativistisch verlangsamten Sekunde die Newtonsche Physik **unverändert**. Die im Raumschiff für die Newtonsche Physik geltende Sekunde ist nur länger als die einer zum Äther ruhenden Uhr. Von der längeren Sekunde im Raumschiff werden z. B. für eine Erddrehung weniger `verbraucht´, wodurch ein Raumfahrer eine schnellere Erddrehung beobachtet. Die Erde dreht sich aber nicht tatsächlich schneller. Umgekehrt laufen von der Erde gesehen Vorgänge im Raumschiff nicht nur scheinbar, sondern tatsächlich langsamer ab. Wieviel langsamer, ergibt sich durch den Vergleich mit der Nullzeit.

Für die Newtonsche Physik muß natürlich der Zeitlauf definiert werden. Das geschieht durch eine Messung.
Die Newtonsche Sekunde definiert sich danach als die Dauer von 9 192 631 770 Schwingungen der Mikrowellenstrahlung des Nuklids Cäsium 133. Sie stellt die Basis der sogenannten "Atom"uhren dar. Die krumme Zahl ergibt

sich daraus, daß man die aus der Erddrehung resultierte Dauer der Sekunde beibehalten wollte.

Diese "Mikrowellenquellen"-Sekunde unterliegt aber wie alles auf der Erdoberfläche der Zeitdilatation aus dem Einfließen des Äthers als Gravitation und auch noch der aus der Umfangsgeschwindigkeit der Erdoberfläche. Man mißt mit der Atomuhr also die Zeit relativistisch. Relativistisch, weil mit einer Uhr gemessenen, die eine Zeitdilatation hat. Ohne sich dessen aber bewußt zu sein! damit steht also noch aus, für wissenschaftliche Anforderungen, z. B. für die Bestimmung der wahren Lichtgeschwindigkeit, die Null-Zeit zu errechnen, denn messen geht die ja nicht, da es auf der Erde keinen Ort gibt, der frei von Ätherbewegungen ist.

Für das verinnerlichbare Verstehen der Newtonschen Physik ist aber eine andere Vorstellung der Zeit sinnvoller.

Das grundlegende Zeitmaß der Newtonschen Physik ist eine Umdrehung eines Elektrons um seinen Atomkern.

Wie lang eine Umdrehung eines Elektrons dauert, ist nicht absolut, sondern hängt davon ab, wie schnell sich das Atom gegenüber dem Äther bewegt. Das Elektron muß nämlich aus seinen Geschwindigkeitsvorrat in Höhe der Lichtgeschwindigkeit neben der Umkreisungsgeschwindigkeit auch die Bewegungsgeschwindigkeit des Atomkerns mit bedienen. Dadurch dreht es sich langsamer um den Atomkern.

Für die Newtonsche Physik bedeutet das: Eine Umdrehung eines Elektrons um seinen Atomkern bewirkt einen immer gleichen Fortschritt, z. B. einer Maschine. Egal, wie lange diese Umdrehung dauert. Bei Lichtgeschwindigkeit dauert sie unendlich, da das Elektron den Atomkern nicht mehr umkreist, seine ganze Geschwindigkeit wird für die Mitbewegung des Atomkerns verbraucht. Die Zeit in einem mit

Lichtgeschwindigkeit bewegten Körper steht still. Die Materie "lebt" nicht mehr, da die "Elektronen" eingefroren sind, keine Maschine dreht sich mehr, keine Elektronen wandern mehr in den Denknerven des Gehirns usw..

Das ist zwar alles schon bekannt, man muß aber auch wissen, **warum** das so ist, denn das zu finden ist die Aufgabe der Physik! Verinnerlichbar heißt das Ganze:

Ein Elektron ist das Antriebsritsel der Newtonschen Physik.

Das heißt, die mechanische Newtonsche Physik ist relativistisch. Sie läuft mit den durch die Zeitdilatation langsamer kreisenden Elektronen ab.

Und das ist eine Wahrheit, obwohl sie das Schlimmste ist, was man sich überhaupt vorstellen kann. Alles Denken im Kopf verlangt etwas Absolutes, an dem man sich geistig als Ruhepol festhalten kann. Und nun das!

Als Trost läßt sich aber sagen, daß das, was Einstein in die Welt setzte, unvergleichbar schlimmer ist, denn **niemand** kann sich wirklich Überdimensionen vorstellen. Und Gott sei Dank gibt es das ja auch gar nicht. Außerdem lassen sich Einsteins Vorstellungen nicht real beweisen, die relativistische Newtonsche Physik aber sehr wohl. Und das jeden Tag und überall.

Ein Beispiel.

Die Uhren in den GPS-Satelliten gehen langsamer als die hier unten, weil sich die Satelliten schneller bewegen. Und diese Uhren könnten auch Kuckucksuhren sein, die dafür nur nicht genau genug gehen. Zeitdilatation ist eine mechanische Sache nach Newtonscher Physik

Daß das GPS-Navigationssystem aber nur deshalb funktioniere, weil Einstein die Relativitätstheorien erfand, ist ein Märchen. Nach nur Newtonscher Physik würden das System noch besser funktionieren. Die falsche Aussage dient nur dazu, dem "Volk" die Relativitätstheorien zu beweisen.

Zu weiterer Verständnisbildung.
Ein Körper wird mittels einer Kraft eine Sekunde lang beschleunigt. Er wird dadurch schneller und erhält eine Zeitdilatation, was zu einer Verlängerung der körpereigenen Sekunde führt.
Dann wird er wieder eine Sekunde lang beschleunigt. Nun natürlich mit der länger dauernden Sekunde. Der Körper wird aber auch damit wieder nur um den gleichen Betrag schneller als zuvor mit der kürzeren Sekunde.
Das deckt sich sogar mit der heutigen Lehre, die sagt, daß die Physik in Inertialsystemen, hier der nur eine Körper, unverändert bleibt, egal wie schnell sich das Inertialsystem bewegt.

Die Beschleunigungen des Körpers gehen sekundenhaft weiter. Sind Geschwindigkeiten nahe der Lichtgeschwindigkeit erreicht, sind die Sekunden im Körper (Inertialsystem) sehr sehr viel länger. Trotzdem bleibt die Geschwindigkeitserhöhung in jeder Sekunde, die z. B. einen Erdtag lang geworden ist, die gleiche. Die Formel der Newtonschen Physik, daß Geschwindigkeit Beschleunigung mal Zeit ist, was ja auch für Differenzgeschwindigkeiten gilt, bleibt unverändert erhalten.

Ist die Lichtgeschwindigkeit fast erreicht, wird die Sekunde so lange, daß das Beschleunigen fast unendlich lang dauert, weil die Sekunde letztlich nicht mehr endet. Obwohl dabei auch nur eine Erhöhung der Geschwindigkeit wie die in der allerersten Sekunde erreicht wird.
Wobei natürlich auch zu sagen ist, daß, wenn der Körper eine Rakete wäre, aus der Antriebsdüse wie in der ersten Sekunde auch immer noch nur die gleiche Menge Gase entströmen, nun aber verteilt auf eine länger Sekunde. Das Triebwerk verteilt seinen Schubimpuls nun auch auf eine längere Zeit, hat also kaum noch Schubkraft.

Die Geschwindigkeit des Körpers wird letztlich, aber nie erreichbar, unendlich. **Seine** Sekunde vergeht dann gar nicht mehr. Er verbraucht dann also überhaupt keine **seiner** Zeit mehr, für beliebige Entfernungen.

In Wirklichkeit, aus Ruhe gesehen, bewegt sich der Körper aber nur mit Lichtgeschwindigkeit! Ruhe versteht sich gegenüber dem Äther.

Die Quintessenz daraus:

1. Es gibt eine Geschwindigkeitsgrenze.

Diese ist aus Ruhe gesehen und mit einer Uhr ohne Zeitdilatation gemessen die Lichtgeschwindigkeit.

2. Die maximale Newtonsche Geschwindigkeit ist unendlich.

Das ist zwar "nur" die relativistische Geschwindigkeit, also die mit der Uhr des bewegten Körpers gemessene, aber die für die Newtonsche Physik **wirksame**! Der Impuls aus Masse mal Geschwindigkeit, mit dem ein Körper etwas zerstören kann, ist nämlich bei Lichtgeschwindigkeit ebenfalls unendlich! Und das ergibt sich nicht als abstrakt nominale "Korrektur" mit dem relativistischen Faktor, sondern mechanisch aus der Zeitdilatation!

Die maximale Newtonsche Geschwindigkeit von unendlich läßt sich durchaus als Begründung dafür ansehen, daß es eine Begrenzung für Geschwindigkeiten überhaupt gibt. Nur ist die Begrenzung der Geschwindigkeit absolut nur die Lichtgeschwindigkeit gegenüber dem Äther.

Der Äther ist der absolute Nullpunkt für alle Geschehnisse in dieser Welt.

Welche Physik gilt im Kosmos?

**Die relativistische Newtonsche Physik
ist die Physik des Kosmos.**

Und eine andere als die Newton'sche Physik gibt es nicht.

Und nun das wichtigste für die Erklärung des Kosmos.

Alle Geschehnisse in ihm funktionieren nach der Newtonschen Physik. Aber nicht nur das.

Alles, was ein Geschehen ausmacht, ist dinglich!

Nichtdinglich ist zum Beispiel, daß es grundsätzlich keine "Felder" gibt. "Feld" ist ein nur verbaler Ausdruck für Unbekanntes, nur, um dieses ansprechen zu können. Das gilt für alle Felder wie z. B. elektrische, magnetische und gravitative. Aber auch für Kräfte, wie die Gravitationskraft, die in einem Feld wirke. Eine Kraft wie die Anziehungskraft kann nicht als Nichtdingliches in die Ferne wirken. Es muß immer eine dingliche Verbindung bestehen, egal, wie weit weg etwas mit etwas wechselwirkt.

Zum Beispiel das Hafele-Kaeting-Experiment:
Woher wissen die Uhren in den Flugzeugen, wie schnell sie gehen sollen, bzw. welcher Zeitdilatation sie unterliegen? Sie folgen in ihrem Lauf dem Bezug zum Sternenhimmel. Woher wissen sie aber, daß es den überhaupt gibt?
Also **muß** es eine **dingliche** Verbindung vom Sternenhimmel bis in die Uhren hinein geben.

Und diese "Verbindung" kann nur einer stellen, der Äther. Er ist überall, bis in die Atome hinein und sogar in kleinste Teilchen wie in das Myon. Denn woher sollte auch dieses wissen, wann es radioaktiv zerfallen soll, dazu muß ja eine Uhr in ihm laufen. Die Uhr in Atomen wird von Elektronen gebildet, die gegenüber dem Äther laufen. Wie es im Myon funktioniert, muß noch ermittelt werden.

Newtonsche Kraft

Kraft ist eine physikalische Größe, die das tägliche Leben maßgebend bestimmt. Deshalb mußte ihre physikalische Behandlung auch schon zu Zeiten festgelegt werden, als die dazu erforderlichen physikalischen Kenntnisse noch gar nicht vorhanden waren. Es ist in etwa der gleiche Fall wie beim elektrischen Strom, wo die Polarität festgelegt werden mußte, obwohl noch nicht bekannt war, daß Elektronenwanderung seine Ursache ist. Das Schicksal führte dabei zur falschen Lösung, man versah mit positiv den Pol, wo die Elektronen hin flossen, also entgegen der Absicht, daß der Strom von ihm aus wegfließen sollte.

Kraft besitzt eine zusammengesetzte Dimension, entstehend aus Impulsänderung pro Zeit oder in Folge aus den Formeln Masse mal Beschleunigung bzw. Massenfluß mal Geschwindigkeit. In ihrer Dimension ist neben den Größen Länge und Zeit auch Masse enthalten. Masse ist dabei jedoch ein Problem.
Dazu folgendes. "Drei Meter", wie entsteht das? Drei ist eine Zählzahl für ein Einheitsquantum, Meter ist ein Einheitsquantum. Das ist jedoch noch nicht komplett, insgesamt muß es heißen: "Drei Meter von Länge". Das belegt ein anderes Beispiel: "Drei Sekunden von Zeit", denn, es gibt auch drei ʿSekundenʾ eines Winkels. Die Namen für Dimensionen sind freie sprachliche Erfindungen, ob Sekunde oder Meter.
Masse ist gar kein ʿDingʾ, das eine Dimension haben kann sondern: Masse ist die Mengenbezeichnung mit Zählzahl und Einheitsmenge für Materie. Also , drei kg Materie ist eine Masse. Materie ihrerseits ist aber für die Erzeugung kinetischer Kräfte gar nicht verantwortlich. Kräfte entstehen nur, wenn Trägheit auftritt. Unterscheidungen in trägheitsbedingte, ʿgravitativeʾ oder ʿschwereʾ Kräfte gibt es deshalb nicht. Alle mechanischen Kräfte zwischen sich lose berührenden Objekten sind Trägheitskräfte.

Sie können nur dadurch entstehen, daß ein Körper einen anderen beschleunigt.

Newtonsche kinetische Kräfte entstehen <u>nur</u> durch die Überwindung der Trägheit von Materie

Daneben gibt es jedoch auch statische Kräfte. Statische Kräfte sind aber nicht die, die in der Technik so bezeichnet werden, sondern die, die sich in der Natur dadurch ergeben, daß sich z. B. etwas in einer Astgabel einklemmt oder durch umschließen und Temperaturdehnungen/-schrumpfungen zusammen preßt.

Eine wirklich substanzielle Erklärung für Kraft ist noch nicht möglich. Das gilt insbesondere für die zuvor erwähnten statischen Kräfte. Nur für die **kinetischen**, fälschlicherweise immer mit "dynamisch" (kraftlich?!) bezeichneten lassen sich die nachfolgenden Beschreibungen liefern. Sie beginnen mit:

Kraft ist kein Einzel-`Ding´!

Kraft entsteht aus dem Zusammenwirken zweier Objekte oder nach Newton: Kraft ohne Gegenkraft gibt es nicht, sein drittes Prinzip. Kraft besteht <u>immer</u> aus Kraft und Gegenkraft.
Eine Gravitationskraft als eine Kraft, die zwei Körper beide ohne Berührung an sich zieht (als was für ein Ding?) zieht, ist eine geistige Erfindung, aber kein natürliches Ding.

In der Physik mit nur <u>einer</u> Kraft ohne Gegenkraft auch nur zu denken, führt zum gleichen Unsinn wie eine physikalische Größe nur durch eine Zahl ohne Dimension auszudrücken.

In der Technik wird nicht zwischen Aktions- und Reaktionskräften unterschieden. Es reicht, über eine beliebige Seite zum Ergebnis zu kommen. Selbst die Kraftentstehung von Ursache nach Wirkung ist ihr egal. Nun, Technik kann machen, was und wie sie es will, der Zweck heiligt in ihr alle Mittel. Physik muß sich aber an die Wahrheiten der Natur halten.

Kraft und Gegenkraft entstehen **unabhängig** voneinander. Anders gesagt: Kraft und Gegenkraft haben ihre eigenen Entstehungsursachen.

Kraft und Gegenkraft sind in ihren Werten gleich groß. Wobei die Reaktionskraft bestimmt, wie groß die Aktionskraft sein kann. Ohne eine Reaktionskraft entsteht auch keine Aktionskraft. Wenn ein Boxschlag nicht trifft, kann er auch keine Kraft ausüben, er geht ins Leere.

Wenn z. B. menschliche Kraft ein Gewicht nach oben stemmt, stellt Muskelkraft die Aktionskraft, das Gewicht des hoch zu hebenden Objektes die Reaktionskraft. Wie die Muskelkraft und wie die Gewichtskraft aber entstehen, sind gänzlich eigenständige Vorgänge. Ein rollender Wagen als anderes Beispiel wird durch Reibung gebremst. Der Vortrieb des Wagens kommt aus seinem Impuls, die Bremskraft dagegen aus der Reibung.

Um Kräfte`spiele´ richtig erkennen zu können, sind zwingend Kraft und Gegenkraft zu selektieren. Das ist Voraussetzung dafür, die Natur richtig zu durchschauen.

Die Regel dazu lautet:

Die Aktionskraft entsteht durch die Massenträgheit des beschleunigten Körpers.

Braucht also nur noch festgestellt werden, welcher von zwei beteiligten Körpern der beschleunigte ist. Beim Eigengewicht löst sich das Problem der Erkennung des beschleunigten Körpers am besten mit der Vorstellung, daß die Erde und der Mensch eigenständige Objekte nebeneinander im Weltraum sind. So lange sie sich nicht berühren, so lange besteht zwischen ihnen auch keine Kraft. Während eines Sprunges in ein Schwimmbecken fühlen wir diese

Kräftefreiheit als Schwerelosigkeit. Die Gewichtskraft entsteht also erst bei Berührung von Mensch und Erde. Sie entsteht aus der Ursache, daß wir vom Untergrund gegen die gravitativ bedingte beschleunigte Fallbewegung entgegen beschleunigt werden. Im Schwimmbad zeigt die Durchbiegung eines Sprungbretts auf, wie es **uns von unten nach oben** beschleunigt.

Zwei Billardkugeln, die zusammen stoßen. Welche stellt die Aktions-, welche die Reaktionskraft? Die angestoßene Kugel wird beschleunigt, also erzeugt sie eine Reaktionskraft gegen die sie anstoßende. So weit, so gut. Aber: die anstoßende wird dabei verzögert, also nach hinten beschleunigt. Damit erzeugt auch sie eine Reaktionskraft und überhaupt, welche stößt denn die andere an?
Werden die zwei Kugeln isoliert betrachtet, z. B. im Weltraum ohne Bezug zur Umgebung, so sind ihre Einzelgeschwindigkeiten nicht mehr sichtbar. Nur ihre Differenzgeschwindigkeit führt sie zusammen. Dabei wird bei elastischem Stoß jede von ihnen von der anderen weg beschleunigt und setzt der anderen ihre Reaktionskraft entgegen. Das heißt: bei zweiseitig relativen Stoßgeschehnissen ist die Reaktionskraft des einen Körpers die Aktionskraft für den anderen. Dieser Zusammenhang ist prinzipielle Grundlage aller kinetischen Kraftgeschehnisse im Kosmos. Warum? Weil in ihm ausschließlich zwei- oder mehrseitig relative Geschehnisse vorliegen, was jedoch nicht mit Einsteins Relativ-Verständnis für Bewegungen zu verwechseln ist, denn, sie finden auf einem **absoluten** Untergrund, dem Äther, statt, selbst wenn sich dieser bewegt.
Es gibt aber doch eine Klärung. Die Kugel, die gegenüber dem Äther schneller ist, also die höhere Energie innehat, stellt die Aktionskraft. Das genügt auch der Forderung, daß Energie nur von höherem zu niedrigerem Niveau fließt.

Die Auftriebskraft an einem Flugzeug ist ebenfalls eine

Newtonsche Kraft. Damit **muß** sie nach Newtons Prinzipien entstehen, Ausnahmen davon gibt es nicht. Auch für aerokinetische Kräfte gibt es Aktions- und Reaktionskräfte. Da Gegenkräfte durch Beschleunigung entstehen, ist zu finden, wo sich was beschleunigt. Das Flugzeug selbst bewegt sich mit konstanter Geschwindigkeit, besitzt keine Beschleunigungseffekte und kann somit nur die Aktionskraft mittels seines Gewichts auf die Luft stellen. Dabei muß es kinetisch so auf die Luft einwirken, daß diese eine Gegenkraft (Auftrieb) produziert. Das geschieht nach dem gleichen Prinzip wie auch eine Hummel und eine Rakete fliegen.

Wie bringt ein Flugzeug die Luft dazu, eine Gegenkraft zu entwickeln? Indem es sie nach unten beschleunigt. Dazu eine anschauliche Darstellung mit Richtwerten. Ein Kubikmeter Luft besitzt in elftausend Meter Höhe eine Masse von ca. 0,3 kg. In einer Sekunde werden durch einen Jumbo unsichtbar bis mindestens ca. 50m von oben und unten (Beginn des Bodeneffekts, bei dem die nach unten gedrückte Luft am Abfließen durch den Boden gehindert wird und dadurch eine Auftriebserhöhung eintritt) wirksam in Bewegung versetzt. Bei Reisegeschwindigkeit überstreichen z. B. seine Flügel pro Sekunde eine Fläche von etwa 12.000 Quadratmeter. Somit werden pro Sekunde ca. 450 Tonnen Luft in Bewegung versetzt. Um aus dieser Masse eine Rückstoßkraft von 400t als Auftrieb zu erzielen, braucht die Luft nur örtlich nahe unter und über dem Flügel auf eine Geschwindigkeit von etwa zehn Meter pro Sekunde nach unten beschleunigt zu werden.

Das bewerkstelligen die Flügel stoßartig in nur Millisekunden! Diese nur kleine Geschwindigkeit der Luft gegenüber der Fluggeschwindigkeit von über 250m/s wurde einfach ignoriert. Für die etablierte Theorie des Fliegens (Bernoulli-Theorie) wurde statt dessen die Vorwärtsgeschwindigkeit des Flugzeuges benutzt, die im Windkanal nur als Strömung **erscheint**. Es entstand die im Grundsatz falsche

Bernoulli-Theorie. Technik schaffte es schon zu Urzeiten, selbst mit falschen Theorien zu brauchbaren Ergebnissen zu kommen. Aber mit Folgen: der Anteil physikalisch-theoretisch möglich Rechenbarem ohne experimentelle Unterstützung liegt in dieser falschen Aero`dynamik´ bei weit unter 10 Prozent.

Bei einer stimmigen physikalischen Theorie sind dagegen über 90 Prozent zu erwarten und eine zumindest zweistellige Anzahl von Menschen wären nicht aus aerokinetischen Ursachen (Wirbelschleppen) ums Leben gekommen, die die richtige Theorie ungefragt vorausgesagt hätte.
Die heute bestehende Aero`dynamik´ ist Vorbild dafür, wie physikalische Forschung in die Irre läuft, wenn mit falschen Begriffen (Dynamik statt Kinetik, Luft-Strömung statt Bewegung des Flugobjekts) und von unten (örtliche Details) nach oben (allgemeingültigem Grundprinzip) gedacht wird. Die Druckverläufe über einem Tragflügelprofil haben einen für den Bernoullie-Effekt ganz typischen Verlauf. Ohne aber die wahre Verursachung dafür zu erforschen, wurde auf diese nur Optik eine Theorie aufgesetzt, die genau so unverständlich und falsch wurde wie die allgemeine Relativitätstheorie. Für die Flugtheorie ist zur Ehrenrettung nicht weniger Wissenschaftler allerdings zu sagen, daß Ungereimtheiten in dieser Theorie nicht ganz verborgen blieben. Da Physik aber immer noch durch nur Mehrheits- und Machtmeinungen statt durch Regeln bestimmt wird, werden diese Stimmen ignoriert.

Zusammenfassung:
Kräfte entstehen kinetisch. Ursache ist, daß Materie durch die ihr eigene Trägheit gegenüber Geschwindigkeitsänderungen mit einer Gegenkraft antwortet. Diese ist Ursache dafür, daß sich eine Kraft als Aktionskraft überhaupt erst aufbauen kann.
Die einzigen makroskopischen Kräfte neben den Newton-

schen sind die magnetischen und elektrischen. Diese wirken jedoch nur mit diversen Stoffen oder Stoffzuständen. Und auch ihr Verständnis (von verstehen) ist noch Null: man hat nicht die geringste Ahnung davon, welche unbekannten physikalischen Prinzipien da wirken und auch deren äußerst gute Berechenbarkeiten betreffen nur die Hardware der Geschehnisse.

Die starken und schwachen Wechselwirkungen haben, vorausgesetzt, der Begriff Kraft ist dabei überhaupt angebracht, im atomaren Bereich Bedeutung für das, was sich innerhalb der `Substanz´ des Kosmos abspielt, nicht jedoch für Geschehnisse der Newtonschen Physik.

Ohne Newtonschen Kräfte gäbe es keine kosmischen Geschehnisse. Gravitation führt nur dazu, daß sich Materie trifft, wodurch in Folge Kräfte nach Newtons Prinzipien entstehen. Ohne beides gäbe es keine sich komprimierenden und dadurch aufheizenden Sterne und auch nicht uns.

Gravitationskraft ist ein Phantom, aus einem falschen Verständnis der Gravitationsbeschleunigung resultierend. Kraft als Newtonsche Kraft, die im Weltraum herumgeistert und Materie zueinander bringt, gibt es nicht: `Gravitations-Kraft´ ist Phantasterei. Newton selbst sagte über seine eigene Anziehungs**kraft**theorie: "..... *daß meines Erachtens kein Mensch, der philosophische Dinge kompetent bedenken kann, je auf so etwas hereinfallen könnte*."

Dagegen wird heute gesagt, Gravitationskraft sei eine nichtnewtonsche. Mit Ausnahmen oder Hinzuerfindungen läßt sich aber alles erklären. Nur, wahr ist es meistens nicht.

Trägheit

Was ist Trägheit und wo tritt sie auf?

Was sie ist, ist ein noch größeres Rätsel als das der Gravitation. Sie läßt sich nicht einmal separat messen, weswegen sie in der Lehre mit Masse gleichgesetzt wird. Auch ist ihr deshalb kein Kürzel verliehen worden wie etwa F für Kraft. Aus dem gleichen Grund hat sie auch noch keine Dimension.

Wo und wann tritt Trägheit auf? Eine Antwort bedarf dessen, wie sie überhaupt erkannt wird. Wie wird sie erkannt?

Stoßen wir mit jemand zusammen, so fühlen wir das. Warum lassen wir uns nicht einfach ohne Belastung vom anderen wegschieben oder umgekehrt? Das läßt sich nur so erklären, daß wir uns als materiebehaftete Körper einer Bewegungsänderung widersetzen, was durch etwas Unbekanntes verursacht wird. Dieses unbekannte Etwas wird mit Trägheit bezeichnet. Trägheit ist nach dieser Definition an Materie gekoppelt. Für Newtons drei Prinzipien (Trägheitsprinzip, Kraftprinzip und Gegenkraftprinzip) ist genau diese Trägheit der Materie die Grundlage.

Trägheit läßt sich zwar nicht unmittelbar messen, aber ihre Wirkung. Dazu dient folgender Beschleunigungsmesser:

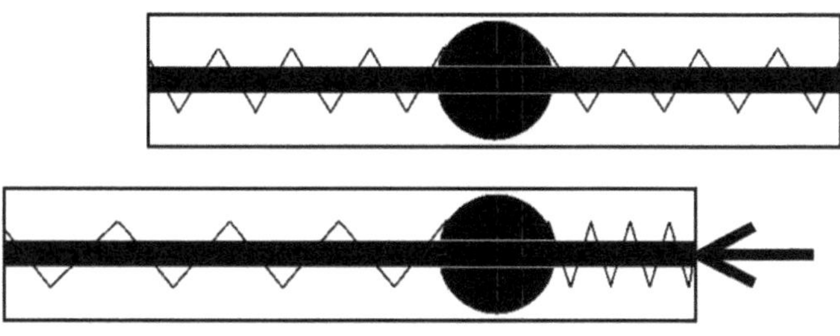

Eine Kugel befindet sich auf einem Stab, auf dem sie hin

und her rutschen kann. Durch Federn wird sie in der Mittellage gehalten. Eingebaut ist das in ein Gehäuse.

Wird dieser Beschleunigungsmesser von einer äußeren Kraft in Meßrichtung (Stabrichtung) beschleunigt, so bewegt sich die Kugel der Kraftrichtung entgegen, bis Federkraft und äußere Kraft gleich groß sind. Das ist im unteren Teil des Bildes dargestellt.
Warum?
Die Kugel kann der Beschleunigung des Meßgerätes nur folgen, wenn auch auf sie die äußere Beschleunigungskraft einwirkt, damit sie mitgehen kann. Es muß auch ihre Trägheit überwunden werden. Die Weiterleitung der äußeren Beschleunigungskraft auf die Kugel geschieht über die federn, wodurch sich diese zusammen stauchen. Daran kann die Kraft abgelesen werden, die für die Überwindung der Trägheit der Materie der Kugel erforderlich ist.

Der Beschleunigungsmesser ist so zu lesen: die äußere Kraft, die das Gehäuse nach links beschleunigt, bewirkt eine Verschiebung der Kugel nach rechts. Ein Ausschlag nach rechts bedeutet also eine Beschleunigung nach links.

Dieser Beschleunigungsmesser ist unbestechlich!

Er weiß ja auch gar nicht, wo er mißt. Er weiß nur wann und wie hoch und in welcher Richtung er beschleunigt wird.
Wird er senkrecht auf den Tisch gestellt, so zeigt er eine Beschleunigung von unten nach oben an. Aber nicht, weil die Schwerkraft die Kugel runter zieht! Fallbewegung ist eine schwerelose. Kräfte zwischen Körpern und Erdoberfläche entstehen erst dann, wenn sich beide berühren. Exakter gesagt, wenn die Fallbewegung verhindert wird. Und das geht nur mit einer Newtonschen Beschleunigung von unten nach oben! Und das zeigt der Beschleunigungsmesser mittels der Trägheit der Meßkugel exakt an.

Alle Ausschläge eines Beschleunigungsmessers beruhen darauf, daß es die Trägheit gibt. Bei gravitativen Beschleunigungen wird die Trägheit aber gar nicht heraus gefordert, weil der Körper als Teil des Äthers nur mitschwimmt.

Es zeigt sich, daß, wenn wir uns selbst als Meßkörper in einem Auto betrachten, bei allen Geschwindigkeitsänderungen mitgenommen werden müssen, indem uns der Sitz in die entsprechenden Richtungen drückt bzw. beim Bremsen der Gurt zieht.

Trägheit ist die Grundlage zur Entstehung Newtonscher Kräfte und damit der Newtonschen Physik insgesamt. Das wird in Forschung und Lehre aber nie erwähnt.

Tritt Trägheit immer auf?
Nein!
Im freien Fall, z. B. beim Sprung ins Schwimmbecken, zeigt der Beschleunigungsmesser vertikal keine Beschleunigung an.

Bei gravitativen Beschleunigungen
tritt <u>keine</u> Trägheit auf!

Dieser Fakt war *der* Fingerzeig, der hier zur Lösung des Rätsels Gravitation führte. Ihn zu ignorieren bedeutet den Weg wissenschaftlicher Erkenntnisgewinne zu verlassen. Einstein erkannte zwar auch, daß darin das Geheimnis der Gravitation liegen muß, fand aber nicht das zuständige Koordinatensystem bzw. schaffte es sogar aus der Welt.

Trägheit zeigt sich nur bei Newtonschen Bewegungsänderungen, das sind Bewegungsänderungen **gegenüber dem Äther**, dem Koordinatensystems der Newtonschen Physik. Gravitative Beschleunigungen sind Bewegungen **mit** dem Koordinatensystem der Newtonschen Physik, dem Äther.

Bei Beschleunigungen, z. B. im Auto, fühlen wir in uns eine Wirkung, die unserer eigenen Trägheit. Bei gravitativen Beschleunigungen, z. B. freier Fall während eines Sprungs ins Wasser, fühlen wir dagegen nichts, nur Schwerelosigkeits`kitzel´. Gerade dieser zeigt eine weitere Ursache auf, die den Menschen bei der Suche nach Wahrheiten der Natur in die Irre führt, nämlich wahre Bewegungsänderungen von seinen auch anders deutbaren Empfindungen zu trennen.

Der durch die Trägheit von Körpern verursachte Wert der Rückstoßkräfte ist enorm hoch. Z. B. eine lose auf der Bahn liegende schwere Bowlingkugel `nur´ auf Geschwindigkeit zu bringen, erfordert eine so hohe Kraft, daß selbst größere Kinder überfordert sind. Eine Ursache dafür ist jedoch nicht sichtbar.
Trägheit ist aber durch noch eine meßbare Wirkung nachweisbar: bei Geschwindigkeitsänderugen entsteht eine Zeitablaufänderung in Materie:

**Ein Geheimnis der Trägheit liegt innerhalb der
Materie, da tut sich was!**

In Materie entsteht eine Zeitdilatation, die bei gravitativen Bewegungsänderungen nicht auftritt. Zeitdilatation bedeutet, daß die Umlaufgeschwindigkeiten der Elektronen und ihre Fallgeschwindigkeiten von Bahn zu Bahn (Lichterzeugung) kleiner werden. Daraus ergibt sich, wie in Zeitdilatation schon beschrieben:

**Zunehmende äußere Geschwindigkeit von Materie
gegenüber dem Äther führt zur Verlangsamung der
Geschwindigkeiten ihrer inneren Bewegungen und
umgekehrt**

Daraus ist eine Rückwärtsdeutung zwingend: innere Geschwindigkeiten, z. B. die der Elektronen um ihre Atomkerne, verlagern sich nach außen, so, wie vergleichsweise in der Wärmemechanik innere Molekülbewegungen von Gasen bei Entspannung langsamer werden, dafür die äußere Bewegung als Strömungsgeschwindigkeit ansteigt. Dieser Zusammenhang zwischen innerer und äußerer Geschwindigkeit von Gasen ist aus der Temperatur der Gase ablesbar. Der Zusammenhang zwischen innerer und äußerer Geschwindigkeit von Atomen ist aus ihrer Zeitdilatation ablesbar. Es läßt sich also sagen: Trägheit tritt nur bei Austausch von Geschwindigkeiten zwischen innen und außen auf.

Der quantitative Zusammenhang zwischen innerer und äußerer Bewegung wurde im Kapitel Zeitdilatation ausführlich beschrieben. Die Grenzwerte sind Lichtgeschwindigkeit für die inneren Bewegungen der Elektronen bei äußerem Stillstand und äußere Lichtgeschwindigkeit der Materie als Grenzwert bei innerer Ruhe. Diese Abhängigkeit ist so exakt, daß sie nicht nur aus einem Zufall heraus gegeben sein kann.

Warum Verschiebungen zwischen inneren und äußeren Geschwindigkeiten Kräfte zur Überwindung einer Trägheit bedürfen bzw. Kräfte dadurch überhaupt erst entstehen, ist aber noch rätselhaft. Wobei sich die Lösung dieses Problems aber auch dadurch ergeben kann, daß die physikalische Größe `kinetische Kraft´ bzw. der Stoff `Materie´ entschlüsselt wird. Materie wurde schon von Joseph Larmor (1857-1942) als nur "besondere Form" des Äthers postuliert.

Trägheit ist der Indikator für Verschiebungen von Bewegungsgeschwindigkeiten des Inneren von Materie zu Geschwindigkeiten ihres Äußeren und umgekehrt.

Das Relativistische

Mit Einstein kam etwas in die physikalische Welt, ohne daß klar war und weitgehend auch noch ist, **was** es denn sei. Es ist in ʼnormalenʼ Naturgeschehnissen nicht sicht- oder fühlbar und entsteht durch Zeitdilatation. Es ist das Relativistische.

Über das, was relativistisch ist, gibt es keinerlei Wissen, nur ungläubiges Staunen und verworrene Empfindungen. Wenn ein Professor im Fernsehen einen Naturvorgang mit mega-mega-relativistisch und damit als überaus geheimnisvoll bezeichnet, sagt das nur eines aus: auch er hat keine Ahnung, was relativistisch ist.
Im Netz geistert herum, daß von **jedem** Punkt, also aus jeder Sicht, nur Zeitgangverlangsamungen zu sehen seien. Natürlich ist das Unfug. Die Quellen solcher Behauptungen sind nichts als Gerüchte mangels echtem Wissen über das, was relativistisch ist.

Von jedem Punkt im All, der keine Bewegung gegenüber dem Äther hat, also keine Zeitdilatation, haben alle bewegten Objekte eine Zeitdilatation, also langsamere Zeitabläufe. Nur aus dieser Sicht sind nur Zeitgangverlangsamungen zu sehen. Und nur diese Sicht ist absolut, was es nach Einstein gar nicht gäbe. Nach Einstein gäbe es auch nur Zeitdilatationsdifferenzen. Das ist falsch. Zeitdilatation ist genau so absolut wie Geschwindigkeiten. Und der Äther ist der absolute Nullpunkt für alles.
Selbstverständlich ist von der Raumstation mit deren Uhren festzustellen, daß sich die Erde **von ihr aus gesehen** schneller dreht. Die Uhren in der Station gehen ja langsamer. Wenn sie so viel langsamer gehen wie die in den GPS-Satelliten, dreht sich die Erde jeden Tag um ca. 10 Kilometer weiter, also schneller. Das tut sie natürlich nicht absolut, aber aus Sicht der Satelliten. Diese Sicht aus dem anderen, hier langsameren Zeitgang ist relativistisch.
Relativistisch ist nichts anderes als Sichten aus Inertial-

lsystemen in andere anders bewegte Inertialsysteme. Es sind Sichten in Zeitlupe, wenn das gesehene Inertialsystem eine höhere Geschwindigkeit hat bzw. in Zeitraffer, wenn es eine geringere Geschwindigkeit hat.

Der Unterschied der Zeitabläufe wird durch den **physikalischen** relativistischen Faktor quantifiziert. Im folgenden Diagramm ist seine Ableitung graphisch dargestellt.

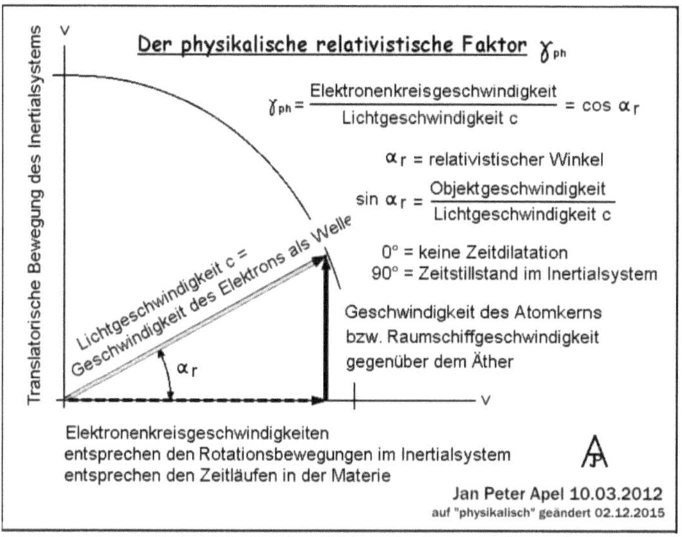

Ausgangspunkt ist die konstante Geschwindigkeit des Elektrons. Diese splittet sich bei Bewegung des Atoms vektoriell auf- in einen Anteil zur Umkreisung des Atomkerns, der die Zeit des Atoms "macht" (Abszisse), und einen Anteil, um mit dem Atomkern mit dessen Bewegungsgeschwindigkeit mit zu kommen (Ordinate).
Die daraus entstehende Formel stellt den physikalischen relativistischen Faktor mit Zusatz ph. dar. Er gibt die Zeitgangverlangsamung an. Gelehrt wird der Kehrwert, der die relativistische Geschwindigkeitserhöhung anzeigt. In der Lehrformel ist der cos alpha durch den Pythagoras ersetzt.

Die Physik im Kosmos ist die Newtonsche. Sie findet in Inertialsystemen als Zeitinseln statt. Innerhalb der Inertialsysteme gilt die Newtonsche Physik mit der im Inertialsystem laufenden Zeit. In Inertialsystemen gibt es keinerlei relativistische Korrekturen! Das ist alles, was es mit dem "Relativistischen" auf sich hat.

Relativistisch ist kein Ding, auch nicht, daß ein Ding relativistisch ein könnte. "Relativistische Sterne" sind Unsinn. Relativistisch ist nur die Sicht aus langsameren Zeitgängen, wie die Sicht aus Bewegungen relativ ist.

Alle Naturphänomene gehorchen nur der Newtonschen Physik, egal wie schnell deren Objekte sich bewegen. Nur ihre zeitlichen Ablaufgeschwindigkeiten hängen von der Geschwindigkeit der Objekte gegenüber dem Äther ab.

Wird ein Körper mit konstanter Kraft beschleunigt, so ist seine Geschwindigkeitssteigerung gegenüber dem Äther pro relativistischer, also Newton'scher, Sekunde, die mit wachsender Geschwindigkeit immer länger wird, immer gleich. Pro absoluter Null-Zeit-Sekunde wird sie aber immer kleiner, am Ende bei Lichtgeschwindigkeit null.

**"Relativistisches" gibt es nicht,
es gibt nur relativistische Sichten.**

Ein schnell fahrendes Raumschiff mißt für eine bestimmte zurückgelegte Strecke ein kürzere Zeit, da seine Uhr langsamer geht. Daraus entstand die Interpretation, daß es eine Längenkontraktion gäbe. Diese relativistische Sicht ist aber genau so falsch wie die Sicht aus dem fahrenden Auto, daß ein Baum eine Bewegung zu ihm hätte.

Daß es Längenkontraktion und Massenvermehrung gäbe, entsteht nur aus relativistischen Sicht, in die sich der Mensch genau so schlecht hinein denken kann wie in die vergleichsweise einfache nur relative Sicht, in der ihm scheinbar im Auto ein Baum entgegen kommt. Längenkontraktion wie Massenvermehrung gibt es nicht. Beide sind relativ, fiktiv ohne dingliche Nachweise.

Da gibt es aber etwas, das in der Newtonschen Physik beheimatet ist, obwohl es gar keine Newtonsche Physik ist. Es zeigt sich daran, daß es keiner relativistischen Korrektur des Beobachters bedarf. Wie könnte es anders sein, stammt es aus der Zeit vor Einsteins Postulation, daß es einen Äther nicht gäbe. Es ist die Elektromagnetik mit ihren gegenseitig wechselnden Feldern. Maxwell fand Formeln für sie. Diese bedürfen keinerlei relativistischer Korrekturen! Die Fachwelt ist verzweifelt darüber, es nicht erklären zu können. Nun, Maxwell schuf die Formeln **mit** dem Äther und nur **dessen** Geschwindigkeiten, also keinen Newtonschen! Robert B. Laughlin schreibt:

"In Maxwells Denken war der Äther, als er die heute von uns verwendeten Beschreibungen des Elektromagnetismus erfand, fest verankert. Er stellte sich elektrische und magnetische Felder als Verlagerungen und Flüsse des Äthers vor und entlieh sich Mathematik aus der Flüssigkeitstheorie, um sie zu beschreiben."

Hätte Einstein vor Maxwell den Äther abgeschafft und Maxwell sich daran gehalten, hätte er diese Formeln gar nicht mehr finden können. Heutige Elektrotechnik mit ihren verläßlichsten Formeln in der Technik wäre zur reinen Experimentaltechnik geworden ohne physikalische Berechnungsmöglichkeiten wie es vergleichsweise in der Aero`dynamik´ mit deren falscher Theorie der Fall ist.

Maxwells nur mathematische Beschreibungen des Äußeren elektromagnetischer Vorgänge, also die mathematischen Formeln, sind jedoch trotz ihrer Zuverlässigkeit kein direkter Beweis für die Existenz eines Äthers.

Im Kosmos gibt es nur Dingliches in Inertialsystemen, in denen die Zeit entsprechend deren Geschwindigkeiten gegenüber dem Äther langsamer läuft.

Zwischen Inertialsystemen

Obwohl die Newtonsche Physik die einzig im Kosmos vorhandene ist, gibt es doch noch Nicht-Newtonsches. Newtonsche Physik spielt **innerhalb** von Inertialsystemen. Zwischen den Inertialsystemen ist jedoch kein Nichts, sondern ein Etwas, der Äther. In ihm ´schwimmen´ die Inertialsysteme. Direkte Beziehungen zu anderen Inertialsystemen sind nicht gegeben, gegenseitige Einwirkungen jedoch sehr wohl durch Informations- wie Energieübertragung durch elektromagnetische Wellen wie Licht- und Gammastrahlen und kleinste Bauteile der Natur wie z. B. Neutrinos, die laufend von Sternen ausgestoßen werden. Messungen von Naturkonstanten aus Inertialsystemen heraus ergeben unterschiedliche Ergebnisse, wenn sie zeitbehaftet sind. Uhren im Erd-Inertialsystem gehen entsprechend der Zeitdilatation aus der Fluchtgeschwindigkeit der Erde langsamer. Die mit der Erduhr gemessene Lichtgeschwindigkeit ist also kleiner als ihre wahre.

Treffen zwei Inertialsysteme aufeinander, kollidieren also, so ist die dabei wirksame Energie die Gesamtenergie, die sich aus den beiden Einzelenergien nach Newtonscher Physik ergibt. Die kinetischen Einzelimpulse ergeben sich aus den jeweiligen Einzelmassen und deren **Newtonschen** Einzelgeschwindigkeiten, also den Geschwindigkeiten nach deren der Zeitdilatation unterliegenden Uhren.

Das führt zu einer Kuriosität, wie sie größer nicht sein kann und wieder einmal steht der Mensch dabei in äußerst ungünstiger Position, so daß er die Wahrheit ohne tiefsinnigstes Denken gegen sein Gefühl und gegen seine Optik auf das folgende Geschehen gar nicht erkennen kann.
Ein Körper, der sich in Ruhe zum Äther befindet, fällt mit dem Äther auf die Erde. Im Koordinatensystem der Newtonschen Physik, dem Äther, ist sein Impuls, damit auch seine Energie, null. Er besitzt keinerlei Geschwindig-

keit gegenüber dem Äther. Trotzdem wird beim Aufprall auf der Erde Energie umgesetzt mit evtl. unübersehbar großen Zerstörungen. Wer brachte die Energie in die Kollision? Der Meteor nicht, er hatte keine. Also die Erde!? Genauer gesagt, die Erdoberfläche an der Kollisionsstelle. Wie geht das?

Da Äther in die Erde einfließt, bewegt sich ihre Oberfläche nach **Newtonscher Physik** gegen den Ätherfluß, also gegen den fallenden Meteorit, **sie** geht ihm entgegen! Die Erdoberfläche besitzt ja auch die aus der Einströmgeschwindigkeit resultierende Zeitdilatation, während er fallende Komet, wenn er senkrecht mit Fluchtgeschwindigkeit fällt, keine Zeitdilatation besitzt.

Wie läßt sich so etwas vorstellen? Man lege sich auf den Rücken, die Unterschenkel auf eine erhöhte Unterlage, so daß sich eine Stellung wie im Auto ergibt. Man fahre man in Gedanken dieses fiktive Auto nach senkrecht oben. Der Blick wird durch ein langes Rohr zur Seite abgeschirmt, so daß nur noch der Himmel mit dem näher kommenden Körper sichtbar ist. Er kommt aber gar nicht, sondern wir werden nach oben beschleunigt: deutlich spürbar durch den Druck von der Rückenlehne, der `Erdoberfläche´.
Vorstellungsgemäß kommt uns die Straße entgegen, ist aber unsichtbar. Auf ihr `liegt´ ein sichtbarer `Stein´, der mit dem Äther näher kommende Körper. **Wir** fahren somit gegen den Stein, mit **unserem** Impuls. Der Differenzimpuls für die Zerstörungen bei der Karambolage Erde-Körper entsteht also nur aus dem Impuls, den die Erdoberfläche als gegenüber dem Äther bewegtes "'Objekt" hat.
Gegenüber den Raumkoordinaten, also der Trigonometrie des Vorganges gegenüber dem Sternenhimmel, ist es jedoch umgekehrt: der fallende Körper bewegt sich und nicht die Erdoberfläche.

Einsteins Relativsicht ist dabei das Gleiche: auch er sah den Körper als Bezugspunkt fallen, wonach sich auch dabei die Erdoberfläche bewegen müßte, was man so aber nicht sagt, aus Angst, für dumm gehalten zu werden. Aber: Wer Angst hat, kann keine Physik machen oder: Einstein würde sagen: man kann die Physik nicht nach Dummen ausrichten.

Das ist wohl das krasseste Beispiel dafür, wie es die Natur immer wieder schafft, nicht unseren geistigen Vorstellungen zu folgen.

Ein Körper im Weltraum ohne eigene Newtonsche Geschwindigkeit bewegt sich zwar gegenüber den trigonometrischen Raumkoordinaten, nicht aber gegenüber dem Koordinatensystem der Newtonschen Physik. Nur diese ist aber das, was im All die Geschehnissen erklären kann.

Der Mensch lebt leider in einem Schlund, in den der Nullpunkt der Welt, der Äther, hinein fließt, und das auch noch sich beschleuigend. Aus diesem Zustand heraus muß er erkennen, wie die Natur wirklich funktioniert.
Das ist ungeheuer schwierig, da er sich nach der Physik der Welt, der Newtonscher Physik, in einem beschleunigtem Zustand befindet, dabei aber nicht die zugehörige Geschwindigkeit sehen kann, weil sich statt dessen der Fixpunkt der Newtonschen Physik. bewegt. Ein Mehr an Täuschung der Natur uns gegenüber ist nicht möglich.

Der Dopplereffekt

Der Dopplereffekt ist eine Erscheinung der Natur, die vielfältigst genutzt werden kann. Außer im Straßenverkehr, wo sie durch die Erkennung der Geschwindigkeit meist Ärger verursacht, ist sie für die Kosmophysik von fundamentaler Bedeutung. Der Dopplereffekt ist z. B. Grundlage für die Bestimmung des Alters des Kosmos wie für Feststellungen der Bewegungen von Sternen. Ganz aktuell wird aus dem im Licht von Sternen enthaltenen Dopplereffekt deren Taumelbewegungen gemessen, die sie durch ihre Planeten erfahren. Dabei handelt es sich sogar um nur Geschwindigkeiten von nur ein paar Metern pro Sekunde!

Was ist der Doppler-Effekt?
Christian Doppler fand heraus, warum z. B. Schall von einer bewegten Quelle, z. B. einer Autosirene, wenn er auf einen ruhenden Empfänger (Ohr) trifft, mit einer anderen Frequenz wahrgenommen wird als die, mit der er erzeugt wurde. Beim Annähern der Quelle wird die gehörte Frequenz höher, beim sich Entfernen tiefer. Diese Frequenzänderung ist auch meßtechnisch nachgewiesen, also nicht nur eine Sinnestäuschung.

Anders herum mißt ein sich von ruhender Schallquelle entfernender Empfänger eine kleinere Frequenz des Schalles als die, mit der er von der Quelle erzeugt und der ruhenden Luft übergeben wurde. Der bewegte Empfänger erfährt das gleiche, das einem Boot widerfährt, das sich in Wellenrichtung bewegt: es wird weniger oft auf und ab geschaukelt als es die Wellen ortsfest tun oder öfter, wenn es sich gegen die Wellen bewegen würde.
Entscheidend bei dem Vorgang ist, mit welcher Geschwindigkeit die Wellen von Quellen abgehen wie an Empfängern eintreffen: mit der, die sie gegenüber ihrem Ausbreitungsmedium besitzen oder nicht. Das führt zur allgemeingültigen Theorie des Dopplereffekts:

Der Dopplereffekt entsteht, wenn Wellen sich <u>nicht</u> mit der Geschwindigkeit, die sie gegenüber ihrem Ausbreitungsmedium besitzen, von Quellen entfernen bzw. an Empfängern auftreffen

Der Dopplereffekt bei Schall

Bewegt sich eine Schallquelle, so kann der Schall nach vorn nicht mit Schallgeschwindigkeit gegenüber der Quelle entfliehen, sondern nur mit Schallgeschwindigkeit gegenüber der Luft. Der Schall entweicht somit nach vorn mit einer **gegenüber der Quelle** langsameren Geschwindigkeit als Schallgeschwindigkeit. Die Schallwellen werden dadurch geometrisch zusammengequetscht, was eine Frequenzerhöhung bedeutet.

Auf der Rückseite der bewegten Schallquelle fließt der Schall **gegenüber der Quelle** auch nicht mit Schallgeschwindigkeit nach hinten, sondern mit einer höheren. Die Wellen werden dabei geometrisch gedehnt, was eine Verlängerung der Wellenlänge bedeutet. Die Frequenz des Schalles in der Luft erniedrigt sich dabei.

Von einer zur Luft ruhenden Quelle ausgehender Schall breitet sich mit der Quellfrequenz mit Schallgeschwindigkeit aus. Ein sich von der Quelle entfernender Empfänger, z. B. auf einem Fahrrad, mißt eine kleinere Frequenz als die, mit der ihm der Schall nacheilt. Der Schall trifft mit kleinerer Geschwindigkeit auf den sich weg bewegenden Empfänger auf (entspricht dem Vergleich mit dem Boot auf Wasserwellen). Würde aber zwischen Quelle und Radfahrer Wind in Richtung Radfahrer entstehen, so daß der keinen Fahrtwind mehr verspürt, mißt der Empfänger auf dem Fahrrad wieder die Frequenz, die der Schall in der Luft besitzt. In diesem Beispiel damit auch die, die die Quelle aussandte. Warum? Der Schall trifft wieder mit Schallgeschwindigkeit **gegenüber dem Empfänger** ein, weil das Fahrrad keine Differenzgeschwindigkeit mehr zur Luft als Wellenausbreitungsmedium besitzt.

Das gleiche Ergebnis, Messung der unveränderten Schallfrequenz der Quelle am Empfänger, ergibt sich auch dann, wenn sich bei Wind Quelle und Empfänger in gleicher Richtung und gleicher Geschwindigkeit bewegen. Die Doppler-Effekte bei der Übergabe von Quelle zu Luft und Luft zu Empfänger heben sich dabei gegenseitig auf. Das heißt, eine Unterhaltung nach vorn wie hinten in einer Radfahrergruppe läßt keinen Dopplereffekt hörbar werden, obwohl an Quelle wie Empfänger welche entstehen. Auch das Sirenengeheul eines schnell fahrenden Polizeifahrzeugs wird von einem mitfahrenden anderen Auto unverfälscht wahr-genommen, egal, in welcher Entfernung es vorweg oder hinterher fährt. Das gilt auch, wenn die Luft dabei nicht in Ruhe ist, also bei für beide gleichem Wind.

Fast nicht berechenbare Probleme tauchen aber auf, wenn Schall z. B. von einem sich vorwärts bewegenden Lautsprecher abgegeben wird. Er geht an die sich vor dem Lautsprecher stauende Luft über, also an welche, die mit dem Lautsprecher mitgeht. Erst danach kommt er in die ruhende Luft, gegenüber der sich der Lautsprecher bewegt. Die Frequenz in der ruhenden Luft weiter weg vor dem Lautsprecher ist dadurch nicht die, die sich auf Grund der Bewegung des Lautsprechers ergeben müßte.
Bei höheren Geschwindigkeiten werden die Dopplereffekte an bewegten Quellen im Unterschied zu bewegten Empfängern unterschiedlich groß, was aber nichts am Grundsätzlichen ändert.

Aus dem bisher Gesagten ergibt sich nun: Dopplereffekte können nur entstehen, wenn Wellen Schwingungen eines Ausbreitungsmediums sind oder:

Dopplereffekte sind unmittelbare Beweise für das Vorhandensein schwingungsfähiger Wellenausbreitungsmedien

Die Beherrschung des Dopplereffekts für die vielen möglichen Konstellationen ist unübersichtlich. Die Ermittlung des Dopplereffektes aller möglichen Fälle aus bewegten Quellen wie Empfängern ist nicht sicher mit Allgemeinformeln zu bewerkstelligen. Sonderfälle wie bewegtes Ausbreitungsmedium sind darin gar nicht enthalten. Es könnten aus einem Formel'pool' auch leicht falsche ausgewählt werden. Daher ist eine Vorgehensweise zu wählen, die die Vorgänge zwischen Quellen und Empfängern schrittweise erfaßt.

Frequenzänderungen nach dem Dopplereffekt bestimmen sich additiv auf dem Weg von einer Quelle zu einem Empfänger. Sagen wir zu diesem Weg **Wellenpfad**. In einer Quelle wird eine Frequenz erzeugt. Diese wird an das Ausbreitungsmedium übergeben. Bewegt sich dabei das Medium gegenüber der Quelle, entsteht entsprechend der Differenzbewegung ein Dopplereffekt. Das Ausbreitungsmedium schwingt dann mit der um den Dopplereffekt verschiedenen Frequenz gegenüber der Quelle. Die Welle mit dieser Frequenz breitet sich aus. Trifft sie auf einen Empfänger oder eine Reflexionsfläche, so entsteht auch dabei ein Dopplereffekt, wenn sich dieser/diese gegenüber dem Ausbreitungsmedium bewegt.

Der Gesamt Dopplereffekt für einen Wellenpfad ergibt sich aus der Addition der einzelnen Dopplereffekte an Übergängen zwischen Quellen, Reflexionsflächen und Empfängern zum/vom Wellenausbreitungsmedium

Damit sind alle Fälle einschließlich sich evtl. zwischenräumlich ändernder Bewegungen der Wellenmedien lösbar.

Es werden nur die zwei Grund-Formeln für Bewegungen von Quelle und Empfänger benötigt und das wichtigste: man weiß, was man tut!

Erstes Beispiel: eine Fledermaus fliegt auf eine Wand zu. Die Fledermaus sendet Schall nach vorn aus. Ihre Bewegung auch nach vorn führt in der Luft zu einer höheren Frequenz. Mit dieser erhöhten Frequenz trifft der Schall auf die Wand. Da diese gegenüber der Luft in Ruhe ist, wird er unverändert zurückgeworfen. Der Rückschall trifft nun wieder an der Fledermaus ein. Da diese sich nun auch als Empfänger entgegen bewegt, erhöht sich in ihrem Ohr die Frequenz ein zweites Mal. Die Fledermaus hört also den zurück kommenden Schall mit der Erhöhung durch die Dopplereffekte beim Aussenden **und** Hören ihres eigenen Schalles.

Zweites Beispiel, Geschwindigkeitsmessung eines fahrendes Autos.

Ein Radarstrahl wird von einer feststehenden Radarwellenquelle gegen das heranfahrende Auto ausgesandt. Die Frequenz des Senders geht unverändert an den Äther über. Der Radarmeßstrahl prallt auf der Autooberfläche, als Empfänger zu verstehen, mit einer um den Dopplereffekt aus der Autobewegung erhöhten Frequenz auf. Das Zurückwerfen durch die Reflektion stellt eine Wellenquelle dar. Durch die Bewegung des Autos tritt auch dabei der Dopplereffekt auf, der die Frequenz ein zweites Mal erhöht. Der Radarstrahl besitzt somit auf dem Rückweg eine zweimalige Erhöhung der Frequenz aus der Geschwindigkeit des Autos. Der sich in Ruhe befindliche Empfänger nimmt diese Frequenz auf. Daß sich der Äther als radarwellentragendes Element dabei senkrecht in die Erde bewegt, führt auf Grund der hohen Lichtgeschwindigkeit gegenüber der Äthergeschwindigkeit in Höhe von nur Fluchtgeschwindigkeit der Erde zu keinen beachtenswerten Fehlern.

Beide Beispiele stellen Wellenpfade mit Hin- und Rückweg dar. Auf jedem Einzelweg entsteht dabei an den Übergabestellen ein Dopplereffekt, was systematisch für Hin- und Rück-Messungen ist.

Drittes Beispiel, Fallgeschwindigkeitsmessung eines hoch gehängten Körpers mittels Äther,- also Lichtwellen.
Durch die Aufhängung ist dessen Fallgeschwindigkeit natürlich null. Das muß das Ergebnis der Messung sein. Was aber geschieht wirklich? Vom Boden wird ein Radar- oder Lichtstrahl zum Körper geschickt, der sich gegenüber dem Äther so bewegt wie Schall gegenüber der Luft. Da der Äther mit Fluchtgeschwindigkeit (ca. 11 km/s) in die Erde einfließt, entspricht dieser Fall einer Schall-Messung bei Gegenwind. Es entsteht bei der Übergabe der Radar-/Lichtfrequenz gegen die Ätherströmung ein Dopplereffekt, der die Frequenz des Strahls im Äther erhöht. Mit dieser erhöhten Frequenz erreicht der Meßstrahl den Körper. An dessen Auftrefffläche entsteht nun wieder ein Dopplereffekt. Da der Meßstrahl um die Fluchtgeschwindigkeit langsamer am Körper eintrifft, entsteht eine Frequenzverminderung, womit wieder die Frequenz vorliegt, die die Quelle besitzt. Mit dieser Frequenz wird der Meßstrahl nach unten reflektiert, wobei jedoch wieder ein Dopplereffekt entsteht. Die Reflexion bedeutet ja ein Absenden nach unten mit der Ätherströmung, wodurch sich die Frequenz im Äther erneut verringert. Mit dieser verringerten Frequenz kommt der Strahl wieder am Empfänger an. Beim Auftreffen auf diesen entsteht nun der vierte Dopplereffekt, diesmal wieder eine Frequenzerhöhung, die wieder zu der ursprünglich ausgesandten Frequenz führt.
Diese Konstellation ist ähnlich wie die, die zwischen zwei gleich schnell fahrenden Radfahrern besteht, wenn der hintere das Echo seines Schreies vom vorderen hören würde. Relativ gegenüber der Wellenquelle (Mund) wie Wellenempfänger (Ohr) besteht auch hierbei ein Gegen-

wind, der absolut aber nur der Fahrtwind ist.

Das Ergebnis der Fallgeschwindigkeitsmessung: in Summe keine Frequenzänderung, also kein Gesamt-Dopplereffekt, also keine vertikale Bewegung des Körpers gegenüber der Erdoberfläche.
Würde der Körper des dritten Beispiels aber sehr hoch aufgehängt werden können, so wäre die Äthergeschwindigkeit am Sender und am reflektierenden Körper ungleich. Sie nimmt ja sogar quadratisch mit der Höhe ab. Ist eine ausreichende Höhe darstellbar, so daß die Unterschiede meßtechnisch im Doppler-Effekt sichtbar werden, kann auch damit die Existenz und die Bewegung des Äthers gemessen werden.

Der Doppler-Effekt bei Licht.
Der Doppler-Effekt ist an das Vorhandensein eines wellentragenden Mediums gebunden. Da Einstein Licht ein wellentragendes Medium wie den Äther verweigerte und ihm zusätzlich auch noch eine relative Geschwindigkeitskonstanz zuordnete, kann es nach ihm einen Dopplereffekt bei Licht gar nicht geben können. Es gibt ihn aber! Das beweist, daß Licht erstens ein Wellenvorgang ist und daß es zweitens den Äther geben **muß**.

Erstaunlicherweise wurde trotz Einsteins Postulaten eine Formel für einen Dopplereffekt bei Licht erstellt. Sie berücksichtigt Einsteins Doktrin aber nur alibihaft, es ist ´etwas davon dabei´. Es wurde geschickt aus Einsteins ´Relativkonstanz´ entnommen und bewirkt, daß es im Gegensatz zu Schall keinen Unterschied zwischen bewegter Quelle und bewegtem Empfänger gibt. Die physikalische Unmöglichkeit, daß es ohne ein wellentragendes Medium überhaupt keinen Dopplereffekt geben kann, wurde unterschlagen. Dieser Formel wurde der Name ´**relativistischer Dopplereffekt**´ gegeben. Relativistisch wurde hier verwendet, weil mangels exakter Definition für es alles mögliche damit angestellt werden kann. Je weniger man weiß, um so besser können Erklärungswünsche erfüllt werden.

Jede Messung eines Doppler-Effektes mit Licht ist ein Beweis dafür, daß Einsteins `Relativ-Postulat´ für Licht falsch ist. Sie ist auch noch nie experimentell nachgewiesen worden.

Licht ist eine Wellenbewegung des Äthers wie Schall eine der Luft ist

Daß Licht entgegen Einsteins Meinung vergleichbar mit Schall in einem Medium funktioniert, schreibt ganz aktuell auch Robert Laughlin in `Abschied von der Weltformel´: "......, *daß Licht Eigenschaften besitzen muß, die dem Vorbild des Schalls entsprechen*".
Die Wahrheit kommt also doch zum Vorschein. Das Verhalten des Lichts durch Kantenbrechung, Beugung und Farbzerlegung durch Prismen ist gerechtfertigterweise von jeher Synonym für Wellenstrukturen.

Nun noch ein **bizarres Beispiel**: Dopplereffekt-Messung zum Mond.
Der Wellenpfad verlaufe von der Erde senkrecht hoch zum Mond und durch Reflexion wieder zurück zur Erde. Der Radarstrahl erhält auf diesem Weg **gegen** den gravitativen Ätherwind der Erde, beim Auftreffen auf dem Mond **mit** dessen gravitativem Ätherwind, bei der Rückreflexion **gegen** den gravitativen Mondätherwind und beim Auftreffen **mit** dem gravitativen Ätherwind auf die Erde je eine Frequenzerhöhung durch die Dopplereffekte in Höhe der jeweiligen Äthergeschwindigkeiten. In Summe somit je zweimal in Höhe der Erd- wie Mondfluchtgeschwindigkeit. Das Meßergebnis wäre, daß sich der Mond mit Fluchtge-

schwindigkeit der Erde plus der des Mondes auf die Erde zu bewegt. Das jedoch tut er nie und nimmer wie allseits bekannt ist. Diese Messung sollte einmal gemacht werden.

Ergründen wir aber schon theoretisch, was da eigentlich wem gegenüber gemessen wird. Es tut sich erneut das Problem der Bewegungserkennung in der Natur auf. Bezugspunkt aller Bewegungen nach Newtonscher Physik ist der Äther. Die Dopplereffektmessung ist auch ein Vorgang nach Newtonscher Physik. Und, wie schon zuvor beschrieben, bewegen sich die Oberflächen von Himmelskörpern jeweils nach oben. Das Meßergebnis kann also nicht anders sein als diese Bewegungen nach Newtonscher Physik, also bezogen auf den Äther, auch aufzuzeigen.
Da sich das Vorstellungsvermögen des Menschen aber hauptsächlich an seiner Optik orientiert, kann er sich diese wahren Abläufe kaum vorstellen. Wahrheiten richten sich aber nicht nach dem Vorstellungsvermögen des Menschen.

Nun läßt sich eine gegenseitige Geschwindigkeit aber auch so messen, daß in Zeitabständen mehrfach die Distanz gemessen wird. Auch das geht mit einem Radargerät. Das Ergebnis damit ergibt tatsächlich, sich der Mond nicht zu uns hin bewegt. Warum stimmt es hierbei? Weil sich Einflüsse auf dem Hinweg (z. B. langsameres Entfernen von der Erde) gegen die auf dem Rückweg (schnelleres auf die Erde zukommen) gegeneinander ausgleichen. Der Ausgleich ist zwar nicht vollkommen, da das langsamere Wegkommen von der Erde länger dauert als das schnellere Zurückkommen, liegt aber unterhalb der Meßgenauigkeit technischer Geräte.

Bewegungen entfernter Objekte wie Sterne oder Galaxien können nur mittels des Dopplereffektes ermittelt werden. Dabei entfällt der Hinstrahl, es wird nur das von dort emittierte Licht auf den Dopplereffekt untersucht.

Von diesem Licht ist aber nicht bekannt, welche Frequenz es bei seiner Geburt hatte. Somit können die im Licht vorliegenden Frequenzänderungen nicht nur Doppler-Effekte sein!

Im Licht aller Sterne zeigt sich aber noch etwas ganz Spezielles: eine **allgemeine** Rotverschiebung, also eine Spek-trumverschiebung bei **allen** Lichtobjekten im Kosmos. Je weiter diese weg sind, desto größer ist ihre Rotverschiebung. Das ermöglicht zwar relativ einfache Entfernungsbestimmungen, was aber steckt wirklich dahinter?
Diese Rotverschiebungen sind Dopplereffekte, wenn sie aus einer Bewegung von uns weg entstehen würden. Nur, wer sollte die Sterne um so schneller von uns entfernen, je weiter sie weg sind?

Um das Rätsel zu lösen, ohne die Wahrheit zu kennen, wird eine altbewährte Methodik benutzt, die die alten Germanen schon anwandten. Man erfindet etwas hinzu: die Germanen Götter, die auf die Pauke hauen, damit es donnert, die modernen Physiker eine dunkle Energie. Sie schiebe alles von uns um so schneller weg, je weiter weg es ist.

Dazu eine neue These, die im Gegensatz zur These der dunklen Energie auch überprüft werden kann:

Die Lichtgeschwindigkeit könnte von der Dichte des Äthers abhängig sein wie z. B. die Schallgeschwindigkeit von der Temperatur der Luft. Zum Zweiten könnte sich der Zustand des Äthers geändert haben bzw. würde sich sogar immer noch weiter zu einer Verringerung der Dichte durch Ausdehnung ändern.
Wenn die Abhängigkeit der Lichtgeschwindigkeit vom Ätherzustand derart ist, daß sie früher langsamer war, währen die Folgen:

älteres Licht startete damals in den Raum hinein mit einer langsameren Geschwindigkeit, der zum Ätherzustand jener Zeit gehörigen. Mit der Zustandsänderung des Äthers im Lauf der Zeit nimmt es zwar die höhere Geschwindigkeit an, jedoch auf Kosten einer Frequenzverminderung.

Diese These führt auch zu einer Erklärungsmöglichkeit, die überproportional ansteigende Rotverschiebung bei sehr weit entfernten, also sehr alten Objekten. Sie reflektiert den anfangs schnelleren Verlauf der Änderung des Ätherzustandes nach dem Big-Bäng.
Neben der Hintergrundstrahlung und der Rotverschiebung an sich dürfte das den Big-Bäng in eindeutiger Weise bestätigen. Es ist sogar wahrscheinlich, daß es bisher noch nicht zuordbare Meßwerte gibt, die aus der Entspannungsveränderung des Äthers verursacht werden.

Damit ergibt sich: die allgemeine Rotverschiebung ist kein Dopplerefekt, der eine aus Licht gemessene Vergrößerung der Abstände der Sterne anzeigt, sondern die Ansicht von mit anderer Frequenz geborenem Licht aus vergangenen Zeiten. Eine Ausdehnung des Kosmos, auf Grund derer sich das Licht änderte, kann aus der Rotverschiebung nicht entnommen werden sondern nur aus den Änderungen der Parameter des Äthers.

Galaxien

Galaxien sind meist flache Schönheiten der Natur, mit ästhetisch in einer Ebene geschwungenen Schweifen um einen Kern herum. Aus ihnen entnahm man, daß sie sich drehen. Nach der nicht unsinnigen Methodik, von Bekanntem auf Unbekanntes zu schließen, unterstellte man, daß sie wie Planetensysteme funktionieren. Dann maß eine Physikerin die Geschwindigkeiten von Einzelsternen in den Schwei-fen mittels des Dopplereffekts. Meßbar ist dieser im Licht der Sterne durch Verschiebungen von Absorptionslinien ihres Lichts. Das Ergebnis: die Geschwindigkeiten äußerer Sterne sind genau so groß wie die weiter innen befindlicher. Auf Grund der zu hohen Geschwindigkeiten der äußeren Sterne im Verhältnis zu den inneren müßten Galaxien demnach ihre Schweife davon fliegen. Das jedoch tun sie nachweislich nicht.

Damit wäre zunächst eine Überprüfung der Ursprungsannahme erforderlich, ob Galaxien tatsächlich so funktionieren wie Planetensysteme. Auffälligstes Merkmal dagegen ist, daß Planeten in Planetensystemen keine Schweiflinien bilden außer kurzzeitig durch Zufall. Statt solcher Überlegungen wurde etwas geistig Erdachtes hinzugefügt, das die nicht vom Radius abhängigen Geschwindigkeiten ermöglichen soll: unsichtbare Materie mit entsprechender Gravitationswirkung. Die Götter der alten Germanen lassen grüßen! Diese "Erfindungsmaterie" soll Galaxien zusammen halten. Sie wurde `**dunkle Materie**´ genannt. Bislang konnte eine solche aber trotz hohem Aufwand nicht nachgewiesen werden. Die Suche geht am CERN inzwischen weiter.

Wirkungen von Naturobjekten müssen sich auch in anderen als nur einem Geschehnis zeigen. Das müssen sie insbesondere in speziell dafür ausgerichteten Meßgeräten tun.

Tun sie das nicht, gibt es solche Objekte (hier dunkle Materie) nicht. Die ausschließlich für die zu hohe Geschwindigkeit der Sterne in Galaxiearmen erfundene dunkle Materie ist ein nicht existierendes Phantom und zudem ein sogenannter Zirkelschluß, bei dem der Beweis für ihre Existenz nur durch sie selbst erbracht wird. Die Ursache für die nicht erklärbar scheinbar zu hohe radiale Geschwindigkeit der Arme von Galaxien ist eine andere.

Sie entsteht aus der Erkenntnis, was Gravitation ist. Galaxien haben einen sehr massereichen Kern. Mit ziemlicher Sicherheit ist in ihnen auch ein sehr schweres schwarzes Loch enthalten. Auf dieses speziell kommt es jedoch nicht an. Da Gravitation Fluß von Äther mit allen in ihm enthaltenen Objekten wie auch strahlender Sterne ist, könnten die Stern-Schweife Strömungen des Äther in das massereiche Zentrum von Galaxien sein. Solche Schweifströmungsbilder bilden sich zuweilen auch bei tiefem Wasserstand in der Badewanne, das zum Abflußloch hin fließt. Die strömenden Wasserteilchen folgen Spirallinien, die Schweifbilder ergeben. Die Schweife von Galaxien könnten also Stromfahnen von Äther mit Ansammlungen von Sternen in ihnen sein, welche gemeinsam und ohne große gegenseitige Bewegungen mit schwimmen. Dabei tritt kein Funktionismus auf wie bei Planetensystemen um einen gemeinsamen Massenschwerpunkt.

Ohne die Kenntnis dessen, was Gravitation ist, kann der Kosmos gar nicht verstanden werden können.

Das Rätsel der scheinbar zu schnellen Bewegungen von Galaxiearmen wäre damit gar nicht mehr existent und eine dunkle Materie fällt ersatzlos weg, denn für anderes wird sie nicht gebraucht. Allerdings wurde sie inzwischen, weil sie nun da ist, auch für andere Problemlösungen verwandt, deren Ursachen noch nicht bekannt sind.

Dunkle Materie ist nur ein Beispiel dafür, wie durch nur mathematisch funktionierende Eingriffe in die Natur Folgerätsel entstehen, die die Fragen an die Natur vermehren statt vermindern, was direkt beweist, daß sich solche Art Forschung in die falsche Richtung bewegt.

Für die Geschwindigkeit von Sternen in Galaxiearmen ist weiterhin zu beachten, daß mit dem Dopplereffekt nur die Geschwindigkeiten meßbar sind, die sie gegenüber dem Äther besitzen. Das sind also nur ihre Newtonschen und nicht die gesamten, die sie gegenüber dem Fixsternenhintergrund besitzen. Sterne in den Schweifen der Galaxien bewegen sich nicht wie Planeten gegenüber ihrer Sonne, also gegenüber dem Zentrum der Galaxie. Damit sind ihre gemessenen Geschwindigkeiten keine Grundlage für Berechnungen über Bahnen, die sie von Galaxien entfernen könnten. Das Koordinatensystem für solche Art Rechnungen ist der Äther, dessen Bewegung dort uns noch unbekannt ist.
Wie sich der Äther bewegt, ist nicht unmittelbar meßbar, sondern nur optisch und nur mittelbar durch in ihm enthaltene Sterne gegen den übrigen Sternhintergrund unter der Annahme, daß die Sterne ihm gegen-über in Ruhe sind. Prinzipiell sind die Messungen von Geschwindigkeiten von Sternen und Äther in Gelaxiearmen äußerst schwierig bis unmöglich. Abhilfe? Neue Ideen.

Die Geschehnisse im Kosmos spielen sich nicht wie in einem Uhrwerk durch Bewegungen von Objekten gegenüber Raumkoordinaten ab, sondern sind eher vergleichbar mit denen, die Luft-, Gas- und Wasserteilchen im Wettergeschehen unserer Erdatmosphäre vollziehen.

Die wesentlichsten Fragen über Galaxien sind keine Geschwindigkeitsfragen, sondern physikalische. Warum gibt es sie überhaupt? Warum in dieser Form, in einer

Ebene mit seitlichen Sternhaufen, einem inneren starren und äußeren sich normal zeigenden Wirbel? Warum ist der Raum des Kosmoses nicht einigermaßen gleichmäßig von Sternen erfüllt? Galaxien aus dem Urknall heraus zu rechnen, ist reine Illusion. Alle bisherigen Theorien dazu sind auf das gewünschte Ergebnis hin frisiert. Mathematiker können ganze Galaxien berechnen. Das geht aber nur deshalb, weil sie wissen, wie diese aussehen. Eine Theorie, warum sie so aussehen **müssen**, gibt es nicht. Hoffentlich nur noch nicht.

Schwarze Löcher

Schwarze Löcher haben einen gewissen Bekanntheitsgrad erlangt, da sie auch etwas sind, das sich ʻnormalʼ vorstellen läßt. Im Gegensatz dazu wird die Zeitdilatation allgemein nicht verstanden. Schwarze Löcher wurden aus der allgemeinen Relativitätstheorie heraus ʻgerechnetʼ. Das geht, weil die allgemeine Relativitätstheorie, obwohl physikalisch falsch, Äußeres der Natur trotzdem richtig beschreibt. Aus den Formeln ist aber keine Wissen zu entnehmen, warum es so ist, wie es eigentlich zu berechnen ist.

Ein schwarzes Loch entsteht dann, wenn von einem Stern durch dessen übergroße Gravitationswirkung kein Licht mehr nach außen dringt. Aus der Mathematik der allgemeinen Relativitätstheorie ergibt sich eine Raumkrümmung, die sich wie eine Schlange selbst in den Schwanz beißt. Alle rechenbaren Bewegungsbahnen von innen nach außen laufen wieder zurück nach innen. Eine Wissenschaft Physik muß aber nach den Regeln der Natur mit einem **Prinzip** verbal verständlich darstellen, warum Licht wie ein geworfener Stein tatsächlich wieder auf einen Himmelskörper zurück fällt.

Licht muß von einem Stern nach außen gegen den Gegenwind des einfließenden Äthers fließen. Fließt der Äther aber mit mehr als Lichtgeschwindigkeit in einen Stern hinein, so kann das Licht nicht mehr hinaus. Ein solcher ʻSternʼ ist somit ein schwarzes Loch. Sein Licht steigt dabei aber erst gar nicht mehr auf, was die allgemeine Relativitätstheorie jedoch nicht weiß und überdies könnte durch die Zeitdilatation von sogar Überlichtgeschwindigkeit Licht an seiner Oberfläche gar nicht mehr entstehen! Dazu müßten nämlich Elektronen von höheren Bahnen auf niedrigere fallen. Da die Zeitdilatation auf der Oberfläche eines solchen Sterns aber 100% beträgt, bewegen sich die Elektronen auch nicht mehr von einer Bahn zu einer anderen.

Die Ätherflußtheorie für die Gravitation liefert also nicht nur eine Erklärung, warum das Licht nicht mehr heraus kommt, sondern, das Ätherflußprinzip bestimmt auch unmittelbar, daß es schwarze Löcher geben **muß**. Schon vor zweihundert Jahren eröffnete P. S. Laplace die Möglichkeit der Existenz von schwarzen Löchern, nach klassischer Physik, also **ohne** die allgemeine Relativitätstheorie!

Die Geschwindigkeit, mit der Äther in Materie wie auch schwarze Löcher einfließt und alles mitnimmt, ist durch nichts begrenzt! Das bedeutet selbstverständlich, daß ein schwarzes Loch mit unendlicher Masse den gesamten Kosmos in Nullkommanichts aufsaugen könnte. Die heutige Mehrheits-Ansicht, Lichtgeschwindigkeit sei für informationelles wie materielles die höchstmögliche Geschwindigkeit im Kosmos, gilt nicht für den Äther als Koordinatensystem der Newtonschen Physik.

Was tut sich in einem schwarzen Loch? Äther fließt mit Überlichtgeschwindigkeit in die Oberfläche des schwarze Loch Sterns hinein. Damit herrscht dort durch die Zeitdilatation ein Zeitablauf von null, die Zeit steht still. Das heißt, es kann sich gar nichts mehr tun. Erst ab einer gewissen Tiefe des Zentralsterns wird die Ätherflußgeschwindigkeit kleiner als die Lichtgeschwindigkeit, so daß dort thermodynamische oder andere Geschehnisse, wie z. B. radioaktive, ablaufen könnten. Ob jemals Wissen darüber findbar ist, muß die Zukunft zeigen.
Im Zusammenhang mit schwarzen Löchern, die in ihrem Durchmesser gegen null gehen, wird von einer 'Singularität' gesprochen. Was ist das? Es ist der Name für eine Sackgasse, in der die Mathematik kollabiert. Dieser Name präsentiert sich als Wissens-'Ding', ist jedoch nur das geistige Dilemma, nichts mehr zu wissen.
Schwarze Löcher lassen sich nur indirekt beobachten. Sterne, die sich in Sichtlinie hinter ihnen befinden, werden durch sie wie mit optischen Linsen verschoben. Steht einer

genau auf der zentralen Linie hinter einem schwarzen solch und auch genau im Brennpunkt der vom schwarzen Loch gebildeten "Linse", so erscheint dieser Stern rund um das schwarze Loch herum als Lichtring. Zu diesem sagt man dann "Einstein-Ring".
In Grenzfällen, wo der Äther mit einer Geschwindigkeit gerade etwas über der Lichtgeschwindigkeit in sie hinein fließt, kann es vorkommen, daß der Äther durch die Rotation des Sterns an den Polen noch mit Unterlichtgeschwindigkeit einfließt, so daß dort noch Licht austritt und wie ein Strahl an umgebendem Staub gesichtet werden kann. Heute redet man dann von "Jets", ohne zu wissen, wie sie entstehen.

Der sogenannte Ereignishorizont, bei dessen Unterschreitung kein Zurück mehr möglich ist, ist in der Entfernung, in dem der einfließende Äther Lichtgeschwindigkeit hat. Er wird mit Schwarzschildradius bezeichnet.

Daß schwarze Löcher als Leichen das Ende des Kosmos bedeuten könnten, läßt Physiker nicht ruhig schlafen. Daß sie nach Stephan Hawking´s Idee durch Massenabgabe mittels virtueller Teilchen am `Ereignishorizont´ wieder leichter werden, ist so gut wie ausgeschlossen, da dort Lichtgeschwindigkeit für den einströmenden Äther vorliegt. Sie müßten an dieser Stelle auch eine Umlauf-geschwindigkeit von Überlichtgeschwindigkeit haben. An die-ser Stelle "draußen" zu bleiben, hieße, senkrecht "mit Vollgas" Lichtgeschwindigkeit weg von schwarzen Loch haben zu müssen.

Damit nur an dieser Stelle einmal etwas hoch spekulatives ohne unterstützende Indizien oder gar physikalische Prinzipien: Wenn die Materie im Zentralstern eines schwarzen Loches in einen Zustand geraten würde, wo sie keinen Äther mehr frißt, dann....? Dann könnte `das Ding´ evtl. einfach wieder explodieren!

Gravitationswellen

Gravitationswellen sind ein neueres Problem. Ihre Existenz ist aus der allgemeinen Relativitätstheorie heraus `geholt´ worden. Sind sie damit etwas `höheres´? Natürlich nicht und sie sind in ihrer Existenz ebenfalls nicht auf die allgemeine Relativitätstheorie angewiesen. Was sind sie?

Gravitation ist Fluß von Äther in Materie hinein, also Bewegung des Äthers. Solange, wie leuchtende oder nicht leuchtende Sterne stillstehen, solange besteht ein konstanter Bewegungszustand des Äthers im Weltraum. Bewegen sich aber Sterne wie z. B einander umkreisende Doppelsterne oder explodieren welche, so entstehen daraus Bewegungsänderungen des Äthers. Die Äther-`Suppe´ schwabbelt in sich wie Wackelpudding bei Erschütterung. Diese Hin- und Her-Bewegungen in der Kosmos-Suppe werden mit dem Begriff Schwerewellen oder Gravitationswellen bezeichnet. Die zeitlichen Schwingungsperioden befinden sich im Bereich von Jahren (Planetenumläufe) bis Sekundenbruchteile (Vibrationen von Neutronenternen). Gravitationsdetektoren sollen also das `Vibrieren´ des Äthers des Kosmos aufzeigen. Wie breiten sich Schwerewellen aus? Genau so wie alle anderen Wellen, jedoch: die Ausbreitungsgeschwindigkeit ist dabei nicht durch die Lichtgeschwindigkeit begrenzt. Das ist genau so, wie Luft auch schneller als mit Schallgeschwindigkeit strömen kann. Es ist nicht unmöglich, daß die maximale Geschwindigkeit des Äthers unendlich ist. Das hätte zur Folge, daß aus dem Empfang von Schwerewellen keine Geschehnisse aus der Vergangenheit heraus gelesen werden könnten wie aus dem Licht entfernter Sterne. Messungen von Schwerewellen stellten dann augenblicklich Geschehendes im All dar. Das bedeutet, daß Schwerewellen einen Blick in die Zukunft entfernter Geschehnisse im Kosmos bieten könnten, deren Lichterscheinungen uns noch gar nicht erreicht haben.

Forscher versuchen seit geraumer Zeit, Gravitationswellen zu messen. Obwohl diese sicher da sind, bislang jedoch ohne jeden Erfolg. Das aber ist nicht verwunderlich. Warum? Um ein funktionierendes Meßgerät bauen zu können, ist erforderlich, daß von dem zu messenden Geschehen das bekannt ist, das einen Meßeffekt hervorruft. Der Funktionismus des Geschehens Gravitation war aber noch unbekannt. Wie kann dann ein funktionierendes Meßgerät gebaut werden? Gar nicht, allenfalls aus Zufall.

Konstruktionsrichtlinien für derzeitige Schwerewellenmeßgeräte sind z. B., daß Gravitationswellen lose Körper bewegen sollten. Da die Gravitationswellen die Aufhängungen der Meßkörper aber mit bewegen, führt das dazu, daß eben keine Bewegungen zwischen Meßkörper und Aufhängung entstehen und somit auch nichts gemessen werden kann. Weiter ist angedacht, gegenseitige Verschiebungen von Meßpunkten ohne Massen zu detektieren, also geometrische Punkte im Raum, die weit voneinander entfernt sind. Da aber der Äther als raumfüllende Substanz die Meßgeräte an den Meßorten mit seinen Bewegungen mitnimmt und sich die Geschwindigkeit des Lichts als Zollstock ebenfalls auf den Äther bezieht, kann auch dabei kein Meßeffekt entstehen. Das gilt insbesondere dann, wenn die Meßkörper frei im Weltraum schweben. Abstandsmessungen mit Licht beziehen sich immer auf den Äther, wodurch sie dessen Bewegungen nicht aufzeigen können.

Die Funktionsfähigkeit eines Gravitationsmeßgerätes muß sich zu aller erst dadurch beweisen, daß es die Schwankungen der Gravitationswerte des Mondes auf der Erde aufzeigt. Ein Gravitationswellenmeßgerät an einem Punkt auf der Erde kommt durch die Erddrehung zyklisch auf unterschiedliche Abstände zum Mond. Auf der Erde zeigt sich durch Ebbe und Flut, daß sie selbst ein Detektor für Gravitationswellen ist.

Ein nachweisbarer Meßeffekt für gravitative Wirkungen ist lange bekannt. Ein langer Körper in Ausrichtung zu einer gravitativen Quelle befindet sich mit seinen Enden in unterschiedlichem Abstand zu ihm. Das bedeutet, daß sich seine Enden in unterschiedlicher gravitativer Beeinflussung befinden. Konkret: das nähere Ende wird stärker zur Gravitationsquelle beschleunigt als das entferntere Ende. Der Körper, z. B. ein langer Stab, würde dadurch in seiner Länge auseinander gezogen, was er natürlich durch innere Zugkräfte verhindert. Diese Zugkräfte oder durch Teilung in der Mitte entstehende Verschiebungen ergeben wohl die einzige Meßmöglichkeit.

Eine Reise im Raumschiff

Theoretisch wären Reisen mit einem sehr schnellen Raumschiff möglich, z. B. in ein paar Lebensjahrzehnten der Raumfahrer einmal rund um den Kosmos. Die absolute Reisedauer wäre dabei jedoch viele zig Milliarden Jahre. Was würde ein Raumfahrer auf solch einer Reise aber sehen?

Er legt von der Erde ab und erhöht die Geschwindigkeit. Auf Grund des (normalen!) Dopplereffektes wird ihm entgegen kommendes Licht kurzwelliger, also blauer. Das liegt daran, daß die Abfolge von Lichtwelle zu Lichtwelle durch sein Entgegenkommen in zeitlich immer kürzeren Abständen erfolgt, was eine Frequenzerhöhung des Lichts bedeutet. Dem Raumschiff folgendes Licht (Funkverbindung) wird dagegen langwelliger, röter. Wollte ein Raumfahrer Radio von einem Planeten hören, so müßte er beim beschleungten Wegfahren dauernd die eingestellte Frequenz nach unten regulieren. Beim Zurückkommen dann natürlich umgekehrt. Diese Effekte bestimmen wesentlich das, was ein Raumfahrer in einem schnellen Raumschiff auch optisch widerfährt.

Je schneller das Raumschiff wird, umso mehr werden auch normal leuchtende Sterne vor dem Raumschiff blauer, ab ultraviolett unsichtbar. Nach vorn sieht also ein Raumfahrer bei steigender Geschwindigkeit die bekannten Sterne `verschwinden´, dafür neue auftauchen, deren Licht zuvor im Infraroten war. Diese Frequenzerhöhung aus dem normalen Dopplereffekt erreicht bei Lichtgeschwindigkeit eine Änderung von Infrarot bis ultraviolett, da sich die Frequenzen dabei verdoppeln. Nach hinten sehen die Raumfahrer natürlich das Gegenteil: die Lichtfrequenzen der Sterne verringern sich. Bei Lichtgeschwindigkeit sogar zu null! Licht von hinten kann das Raumschiff nicht mehr einholen.

Aber nicht nur diese Frequenzerhöhung findet statt, sondern noch eine. Diese führt zu nur Frequenzerhöhungen dadurch, weil die Zeit im Raumschiff durch die Zeitdilatation immer langsamer läuft. Die Sekunden werden länger, so daß immer mehr Schwingungen in diesen relativistisch verlängerten Sekunden eintreffen. diese Frequenzerhöhungen sind dann durch nichts mehr begrenzt, da bei Lichtgeschwindigkeit die Sekunde unendlich lang dauert, was auch eine unendlich große Frequenz bedeutet. richtig bedeutsam werden die relativistischen Frequenzerhöhungen aber erst dann, wenn die Geschwindigkeit des Raumschiffes der Lichtgeschwindigkeit recht nahe kommt.

Nach hinten gesehen ʼverschwindenʼ alle Sterne, da das Licht ins Infrarote und damit Unsichtbare rutscht. Nach vorn verschwinden die bekannten Sterne ins ultraviolette bis hin zu Röntgen- und Gammastrahlern. Erreicht das Raumschiff bei fast Lichtgeschwindigkeit die Geschwindigkeit, bei der die Hintergrundstrahlung des Weltalls von etwa 3° Kelvin zu sichtbarem Licht wird, sieht der Raumfahrer nur noch eine helle Kreisfläche vor sich, anfangs rot und bei weiter steigender Geschwindigkeit über blau auch wieder verschwindend.

Was sieht ein Raumfahrer zur Seite?
Im Bereich um seine Fahrtrichtung herum sieht er Sterne in allen Regenbogenfarben. Die, die wir auch von der Erde aus sehen. befinden sich in einem sehr schmalen Band als Kreis um das Raumschiff herum. Dieses Band befindet sich aber nicht rechtwinklig seitlich zur Fahrtrichtung des Raumschiffes, sondern weiter vorn.
Dazu eine Erklärung. Es regnet bei Windstille. Die Regentropfen fallen senkrecht. Eine Person läuft mit einem Regenschirm durch den Regen. Je schneller sie läuft, um so mehr muß sie den Regenschirm schräg nach vorn halten. Obwohl also die Regentropfen senkrecht fallen, kommen

sie relativ zur sich vorwärts bewegenden Person von schräg vorn oben. Würde die Person so schnell laufen, wie die Tropfen fallen, so träfen die Regentropfen 45° von vorn oben auf sie auf.

Das bedeutet für einen Raumfahrer, der mit annähernd Lichtgeschwindigkeit reist, daß er Photonen von seitlicher Lichtquellen 45° von vorn zur Bewegungsrichtung des Raumschiffes sieht. Der aus Ruheposition gleichmäßig aufgeteilte Horizont konzentriert sich nach vorn.

Ein Raumschiff nahe Lichtgeschwindigkeit zu steuern, ist nicht möglich. Es wäre trotz elektronischer Sichthilfen nach vorn keine Beobachtungstiefe mehr vorhanden, die Sichtweite nach vorn beträgt bei Lichtgeschwindigkeit endgültig null! Licht wie alle anderen Objekte von vorn haben für die im Raumschiff geltende Newtonsche Physik eine Geschwindigkeit von fast unendlich. Ein Objekt von vorn ist also urplötzlich da und verschwindet schon seitlich hinten. Objekte von vorn gehen entweder am Raumschiff vorbei oder es macht lautlos Peng, und das war´s dann.

Durch die Zeitdilatation wird bei fast Lichtgeschwindigkeit die Schrecksekunde für einen Raumfahrer eine kleine Ewigkeit lang. Allein die Zeit, die er benötigte, um einen Knopf zu drücken, ist so lang, daß er z. B. schon an einer Galaxie vorbei wäre.

Also auch für schnelle Reisen im Kosmos ist der Mensch von der Natur in seinen Möglichkeiten stark eingeschränkt.

Modell-Physik

Zu den Schwierigkeiten der Findung von Naturfunktionismen, die der Mensch durch religiöse, philosophische, mathematische, technische und subjektive Einflüsse und seine meist falschen Standpunkte bewältigen muß, kommt noch ein anderer negativ wirkender Einfluß hinzu. Es ist ein didaktischer Einfluß.

Um schwer verständliche, das heißt meist falsche, Theorien trotzdem verständlich und damit glaubhaft machen zu können, werden Modellvorstellungen konstruiert. Als Beispiel für viele steht die gespannte Gummimembrane für die Gravitation, auf die als Modell eines Himmelskörpers eine schwere Kugel aufgelegt wird, wobei sich auf Grund deren Gewichtes eine Delle in der Membran bildet, die die Gravitationswirkung eines Himmelskörpers darstellen soll. Eine kleinere Kugel als bewegtes anderes Himmelsobjekt wird auf der Membran durch die Delle von ihrer geraden Trägheitsbahn auf eine zum Dellenmittelpunkt hin gekrümmte geführt.
Diese Anordnung stellt **nur bei Sicht von oben** die Bewegungen nach, die der kleine bewegte Körper relativ zum großen auf Grund dessen Gravitationswirkung einnimmt, ohne daß dabei eine Anziehungskraft wirken muß, was der Sinn der Modellentwicklung ist.
Aber, dieses Modell trifft nur auf eine einzige Ebene zu. Die Realität mit der kugelförmigen Wirkung der Gravitation eines Körpers würde aber **gleichzeitig** die Membranen der unendlich vielen anderen Schnittebenen erfordern. Damit offenbart sich das Falsche dieses Modells. Trotzdem wird es sogar wissenschaftlich ausgeschlachtet:

Dieses Modell unzulässigerweise von der Seite zu betrachten führt zu allerliebsten Phantasien. Ein Himmelskörper mit übergroßer Gravitationswirkung, ein schwarzes Loch, würde zum Abreißen der Dellenvertiefung führen.

Das schwarze Loch wäre dann in dem abgerissenen Membranteil als Blase eingeschlossen. Unter Vernachlässigung aller anderen Schnittebenen führt das dann dazu, daß die ursprüngliche Membran als unsere Welt und das abgerissene Membranteil mit dem schwarzen Loch als andere Welt zu betrachten. Aber:

**Interpretationen aus Modellen
sind von Hause aus Pseudophysik!**

Denn: Nur Unwissen braucht überhaupt Modelle!

**Eine richtige Theorie braucht keine Denkmodelle,
ist immer selbsterklärend,
was nicht nur ein Attribut ist
sondern auch ihre physikalische Richtigkeit mit beweist**

Modelle können niemals Grundlagen für physikalische Erklärungen sein. Z. B. Etwas (andere Welten) auf Etwas (Gummimembrane) aufzubauen, das selbst aus Etwas (falsche Theorie) kommt, führt schon aus diesem Beispiel heraus unweigerlich zu Pseudophysik.

Das von Erwin Schrödinger als anderem Beispiel erfundene Katzenexperiment als Modell dafür, wie der zeitliche Zustand zwischen einem jetzigen und einem mit Sicherheit kommenden künftigen Zustand (radioaktiver Zerfall) beschrieben werden kann, löst sich nicht dadurch, daß es (von ihm auch gar nicht beabsichtigt) auf den unbeobachtbaren Zustand einer Katze in einer geschlossenen Kiste als Denkmodell übertragen wird. Daraus verselbständigte sich ein `Katzenproblem´. Das Problem dabei heißt: wie soll man sich diese Katze vorstellen, bis man durch Nachschauen erfährt, ob sie durch einen radioaktiven Zerfall getötet wurde oder nicht? Tot? Lebendig? Halbtot? Halblebendig? Die Fragen aus dem Modell treffen dabei aber gar nichts von dem, um das es eigentlich geht. Das ist: wie kann theoretisch mit einem sich mit Gewißheit spontan ändernden Zustand eines Objektes (radioaktives Atom) umgegangen werden? Das löst sich nicht dadurch, ob es eine halbtote oder -lebendige Katze gibt. Das maßlos Ärgerliche für sich spontan ändernde Zustände, insbesondere für Mathematiker, ist, daß dafür keine mathematischen Formulierungen gefunden werden. Der Zwischen`zustand´ eines Autos, seines Fahrens, ist mittels seiner Tankfüllung beschreibbar, aus dem sich der Zeitpunkt seines Liegenbleiben ergibt. Für den Zeitpunkt aber, wann ein radioaktives Atom seinen Zustand ändert, gibt es keinerlei Kriterien. Wenn es welche gibt, so werden sie hoffentlich einmal gefunden. Wenn nicht, es also z. B. reiner Zufall im Innern eines Atoms auf Grund nur Wahrscheinlichkeiten folgenden Bahnschwankungen der Elektronen oder Abstandsschwankungen der Nukleonen (Kernbausteinen) oder sonstige Zufälle sind, sind definitiv niemals Aussagen für Einzelgeschehnisse möglich, sondern nur statistische für eine große Anzahl. Physikalisch ist das hin zu nehmen und nicht durch Modelle schein zu erklären.

Unwissen wird durch Erklärungsmodelle nicht Wissen

Es ist nicht Aufgabe der Lehre, für Unbekanntes Modelle als Ersatzlösungen für Wissen zu präsentieren, sondern die Probleme offen zu legen. Auch Physik hat nicht die Aufgabe, glaubhafte Erklärungen zu liefern, sondern Wahrheiten, das sind Prinzipien für Wirkungsweisen. Festlegungen nach Machtgefügen oder Kompromisse wie z. B. das Kopenhagener `Modell´ für den Übergang von Welle zu Materie und umgekehrt sind für eine Wissenschaft Physik verboten! Es ist ausdauernd weiter und weiter zu suchen, wie Vorgänge tatsächlich ablaufen. Dabei darf auch nicht zu eng gedacht werden, denn die Frage, was Materie ist, könnte ebenfalls zur Lösung des Wandlungsproblems führen.
Theoretische Physik ist reine Modellphysik. Es werden

aber nicht nur sicht- oder greifbare oder geistig vorstellbare Modelle für tatsächliche Naturphänomene gebildet, sondern umgekehrt werden der Natur mathematisch mögliche Modelle angeboten, es doch so zu ʹmachenʹ. Die Aussicht auf Erfolg ist null. In der theoretischen Physik handelt es sich um geistig frei Erfundenes, aus Modellen wie Träumen. Nur rechenbar muß es sein, aus der völlig unbegründeten Hoffnung, daß damit etwas Wahres in der Natur abgebildet würde. Theoretische Physik ist mathematisch Rechenbares, physikalisch aber reine Phantasterei.

Für die falsche Bernoullitheorie des Fliegens sind massenhaft Modellvorstellungen nötig, um in der Lehre überhaupt etwas glaubhaft vermitteln zu können. Schüler/Studenten werden damit zufrieden gestellt im Vertrauen, daß ihnen wahres Wissen vermittelt wird. In Wahrheit verbergen Modelle aber grundsätzliche Unwissenheit. Mit didaktischen Modellen läßt sich alles darstellen, auch Falsches. Durch fehlende Regeln in der Physik kann das selbst von Forschern nicht erkannt werden, von Schülern/Studenten natürlich überhaupt nicht.

Die für die einfache Physik gefundenen Kontrollregularien müssen sich begleitend für die ʹhöhereʹ Physik (Quantenmechanik, Welle-Teilchen-Dualismen, Teilchenphysik) weiter entwickeln. Nicht bestehende untere Regularien führten eine sich nicht selbst kontrollieren könnende Nicht-Wissenschaft Physik auf vielen Wegen mit personenbezogenen Bewertungsphilosophien und dem Schlachtruf ʹFreiheit in der Forschungʹ in den Untergang.
Modellmethodiken taten und tun ihren Anteil dazu. Richtig verstandene Forschungsfreiheit hält sich an die Regeln der Natur, sonst finden sich keine Wahrheiten. Forschungsfreiheit erlaubt nicht, die Natur mit willkürlichen Ansichten wie z. B. Einsteins relativen für Bewegungen gegen die Regeln der Natur betrachten zu dürfen. Die zwei heutigen,

in Summe die Welt scheinbar in Gänze beschreibenden Modelle sind die allgemeine Relativitätstheorie und die Quantenmechanik. Aus beider mathematischer Vereinigung plus einer in der allgemeinen Relativitätstheorie gar nicht enthaltenen Gravitations-`Kraft´ wird die Enderkenntnis für alles, *die* Weltformel erwartet, eine Illusion. Weder läßt sich grundsätzlich das alles bestimmende `Eine´ berechnen noch ist es mathematisch. Das hat wohl auch Robert Laughlin erkannt, weswegen er sein Buch `Abschied von der Weltformel´ mit dem Untertitel: `die Neuerfindung der Physik´ benannte.

Alles mathematisch berechenbare ist nur das Äußere der Natur, ihre Hardware. Die Software, alles bestimmende was wie geschieht, ist nur für sich allein findbar und hält alle Regeln der Physik ein.

Technische Physik

Technik führt zu falscher Physik. Z. B. das Funktionieren eines Photoapparates mit dem Funktionismus einer Linse zu erklären. Ein Photoapparat funktioniert auch ohne eine Linse, mit nur einem Loch in der Vorderwand. Das Prinzip der Bildbildung an der Rückwand der Photoapparat-Kiste ist nicht das Prinzip der Lichtbrechung einer Linse, sondern nur die Geometrie der geraden Lichtstrahlen von einer Seite zu einer anderen durch ein Loch hindurch.
Das Objektabbild einer Loch-Kamera an seiner Rückwand ist aber nur dann scharf, wenn das Loch klein ist. Dann ist es aber zu dunkel. Eine Linse bringt nur auch die Lichtstrahlen, die neben dem kleinen Loch bis zum äußeren Linsendurchmesser durchgehen, auf den gleichen Bildpunkt, auf den der Strahl durch das kleine Loch trifft. Linsen erhöhen also nur die Lichtintensität im Abbild. Mit dem physikalischen Grund-Prinzip der Entstehung eines Abbildes an der Rückwand einer geschlossenen Kiste hat das Lichtbrechungsprinzip einer Linse nichts zu tun. Das technische Erfolgsprinzip einer Kamera ist also nicht deren physikalisches Funktionsprinzip!

Genau so hat die Wölbung der Oberseite eines Flugzeugflügels nichts mit dem Naturprinzip des Fliegens zu tun. Fliegen ist nur möglich, wenn eine Unterstützungskraft aus der Luft gewonnen werden kann. Das kann nur eine kinetisch entstehende Kraft sein. Kinetische Kraftentstehungen an Newtons drei Gesetzen vorbei sind in der Natur aber grundsätzlich nicht möglich: es gibt keine Ausnahmekraft neben der normalen der Newtonschen Physik. Das Grundprinzip des Fliegens ist das Rückstoßprinzip: ein Flugzeug muß mechanisch Luftmasse nach unten beschleunigen, um auf der Rückstoßkraft daraus `reiten´ zu können. Das machen Insekten mit dünnsten Flügeln ganz ohne Wölbung. Eine Wölbung an zusätzlich dickeren Flügeln führt bei einem Flugzeug mit seinen starren Flügeln aber dazu, daß der Winkelbereich der Anstellung der Flügel für ein Fliegen ohne übergroße Absturzgefahr ausreichend groß wird. Mit einer Wölbung der Oberseite von Tragflügeln fliegt es sich also sicherer. Aber natürlich kann ein Flugzeug auch ohne Wölbung auf seinen Flügeloberseiten fliegen. Im Rückenflug hat die Oberseite des Flügels sogar eine Delle, trotzdem kann er auch damit Luftmasse nach unten bewegen. Also auch beim Fliegen: das technische Erfolgsprinzip des Fliegens mit speziell gewölbten Flügelprofilen ist nicht das physikalische Funktionsprinzip, warum ein Objekt schwerer als Luft überhaupt fliegen kann.

Aus Technik kann keine Physik gewonnen werden!

Das neue Weltbild

"Alles ist relativ", so das Weltbild Einsteins. Er fand keinen Bezugspunkt im Kosmos. Falsch! Geschehnisse im Kosmos beziehen sich sehr wohl auf einen Fixpunkt. Es ist der Äther, den einstein abschaffte. Das und die Nichtabschaffung der Gravitationskraft waren seine größten Fehler.

Der Kosmos besteht aus einem euklidisch dreidimensionalen Raum, angefüllt mit Äther. Der Begriff `Äther´ stammt aus der griechischen Mythologie für "oberer Himmel". Äther ist eine unsichtbare und masselose, inzwischen aber unwiderlegbar nachweisbare und energiereiche Substanz, die nicht nur das scheinbare Vakuum des Kosmos ausfüllt, sondern bis in die Materie hinein reicht. Nach Joseph Larmor ist Materie auch nur "eine andere Art" von Äther. Sein Verhalten entspricht dem einer Flüssigkeit, in der Kerntechnik wird es gar als dem von Glas bezeichnet.

Der Äther ist der **absolute** Nullpunkt für alle Bewegungen. Dummerweise kann er sich aber auch selbst bewegen, was er auch tut, nämlich in Materie heinein, was mit Gravitation bezeichnet wird. Warum er das tut und wo er in der Materie bleibt, muß noch erforscht werden.

Alle Geschehnisse im Kosmos laufen nach Newtonscher Physik in Inertialsystemen ab. Es gibt sehr wohl ein ausgezeichnetes Inertialsystem, nämlich das, das gegenüber dem Äther in Ruhe ist bzw. das keine Zeitdilatation besitzt. Für alle Vorgänge, die dinglich stattfinden, ist der Äther der Bezugspunkt. Er ist das natürliche Koordinatensystem, insbesondere für die Newtonsche Physik.
Lichtgeschwindigkeit ist die höchst mögliche Geschwindigkeit für Materielles wie Elektromagnetisches gegenüber dem Äther.

Zeit ist Änderung. Ändert sich nichts, gibt es keine Zeit. Zeit ist damit ein mechanischer Vorgang. Am anschaulichsten wird die Zeit von einem Elektron repräsentiert. Eine seiner Umdrehungen um seinen Atomkern ist eine natürliche Zeiteinheit. In gegenüber dem Äther bewegten Inertialsystemen läuft die Zeit dadurch langsamer, weil die Elektronen von ihrer Lichtgeschwindigkeit einen Teil für die Vorwärtsbewegung mit dem Atomkern abgeben müssen, somit ihre Atome langsamer umkreisen. Diese langsamere Zeit ist aber die, die für die Newtonschn Physik die Wirkungen bestimmt!

Newtonsche Physik verläuft innerhalb von Inertialsystemen mit deren sich aus der Zeitdilatation ergebenden Eigenzeiten. Alle technischen Formeln der Newtonschen Physik bleiben in Inertialsystemen mit deren Eigenzeiten unverändert erhalten. Ein Beobachter von außerhalb muß **sich** relativistisch an diese Zeitabläufe anpassen.

Der Kosmos ist genau so, wie er auch aussieht!

Und: Alle Naturvorgänge laufen **dinglich** ab. Diese Dinglichkeiten müssen Theorien beinhalten. Felder sind keine Dinge, sondern Verlegenheitsausdrücke, damit Unbekanntes einen Namen hat.

Resümee

`Der neue Brockhaus´, 1960, sagt äußerst exakt über Wissenschaft:
"Die Wissenschaft ist wesentlich unterschieden einerseits von der Praxis, andererseits vom Glauben" und weiter: *".......und hat aus sich selbst heraus die Tendenz zur Überwindung aller ihr entgegenstehenden inneren und äußeren Hemmungen."*

Das *"aus sich selbst heraus"* bedeutet unzweifelhaft die Definition dafür, was ein Denk-Gebiet zur Wissenschaft macht:
Eigenständigkeit!
Das gilt nicht nur in Abgrenzung gegenüber der Praxis und des Glaubens, sondern auch gegenüber anderen Wissenschaften, für die Naturwissenschaft Physik insbesondere gegenüber der Geisteswissenschaft Mathematik.
Mathematik und Natur ergeben zusammen Technik als Praxis. Physik als exakte Wissenschaft bestimmt sich dagegen selbst, nach eigenen und der Mathematik fremden Regeln. Sie allein bestimmen, was wie zu bewerten ist und ob Postulationen richtig oder falsch sind.

Hauptaufgabe der Wissenschaft Physik als eine Naturwissenschaft ist, Wahrheiten der Natur zu finden. Das sind Prinzipien für Abläufe von Ursachen nach Wirkungen. Damit ist Physik zwangsweise verbal. "Warum geschieht was?" ist ihre Wesensfrage.

Physik sucht Antworten und keine Rechenergebnisse

Die heutige moderne Physik, die `theoretische Physik´, fußt ausschließlich auf mathematischen Formulismen, die Phantasien gebären, wie die Natur sein könnte. Diese theoretische Physik ignoriert alle physikalischen Regeln, hält sich nur an die der Mathematik. Daraus folgt:

Natürliche Physik führt zu Wahrheiten,
die Antworten bringen,
theoretische Physik führt zu unnatürlichen Fragen
die unbeantwortbar bleiben

Die Rätsel der Natur sind ausschließlich mit den Logiken der Natur zu lösen.

Gesamttheorien über den Kosmos sind mit dem bisherigen Wahrheits-Umfang über Naturfunktionismen noch nicht seriös erstellbar. Die Verselbständigmachung physikalischer Probleme durch Spezialisierung oder Absonderung für Forschungsaufgaben löst die Probleme nicht nur nicht, sondern macht sie zuweilen noch unlösbarer. Der Mensch ist gefordert, sich von seinem Standort zu lösen und sich in das **klärende** `Von-oben-herab-Denken´ der Natur einzufinden und diese nicht mit selbst erfundenen Determinismen zu verkleiden. Zur Erkennung der richtigen Art des Durchblicks hilft vielleicht St. Augustin: `*Wer sich allzu sehr bemüht hinter die Dinge zu schauen, sieht die Dinge selbst nicht mehr´*.

Physikalische Probleme wie etwa das der scheinbar zu schnellen Galaxiedrehung lösen sich niemals allein aus Messungen und Rechnungen heraus, sondern immer nur geistig `von oben´. Jedes Geschehnis der Natur muß allein aus sich selbst heraus entschlüsselt werden. Auch Probleme damit zu lösen, daß etwas hinzu gefügt wird, führt mit allerhöchster Wahrscheinlichkeit zu Unsinn. Für das Problem der Galaxien wurde eine `Dunkle Materie´ hinzu **er**funden, **ge**funden wurde sie jedoch nicht. Das gleiche gilt für die noch ominösere dunkle Energie. Diese Methodik entspricht der gleichen, mit der unsere Vorväter Geister hinzu **er**fanden, um Naturereignisse erklären zu können.

Die Rückbesinnung weg von der Mathematik hin zum wahren Paradigma der Physik, der Kriminalistik, führte prompt zu neuen Erkenntnissen. Die Gravitation wurde genau so entschlüsselt wie die Zeitdilatation und in Folge der relativistische Status der Newtonschen Physik. Für die Trägheit zeigt sich eine Denkrichtung. Alles das `entdeckte´ sich mit bisher nur isoliert betrachteten Geistes-Splittern. Die Selektierung der meist schon vorhandenen richtigen Gedanken aus den vielen logisch erscheinenden falschen ist wahrer Fortschritt in der Physik. Dieser ist genau so hoch zu bewerten wie gänzlich neue Entdeck-ungen, was wieder zum Beginn des Buches führt:

Was nützt es das Richtige zu kennen, es aber nicht zu <u>er</u>kennen?

Es ist grundsätzlich nicht möglich, die Natur von unten nach oben zu erkunden oder in Teile zu zerlegen, die unabhängig zu allem anderen funktionieren könnten. Wer im Kleinen sucht, wird nichts Großes finden. Auch die Natur ist nicht nur die Summe aller ihrer Teile. Letztlich soll es ja für alles ein einziges Oberes geben, *ein* Weltprinzip. Die heutige Manie aber, schon auf unterer Ebene, wie z. B. bei Kräften, Vereinheitlichungen vorzunehmen, die auch noch nur mathematischer Natur sind, führt unweigerlich zu Pseudophysik. Die Natur ist nur oben einheitlich.

Weiter kann sich jedes Untere in der Natur nur durch ihr Oberes erklären oder wie es Johann Wolfgang von Goethe sagte:

Zur Einsicht in den geringsten Teil ist die Übersicht über das Ganze nötig

Das bedeutet auch, daß das Untere der Natur erst dann verstanden wer- den kann, wenn das es steuernde Obere efunden ist.

Solange, wie physikalische Interpretationen nur aus der Mathematik der Hardware der Natur stammen, ihrer Symptome, sind Erkenntnisgewin-nungen unmöglich. Die Software der Natur, die allein nur die Wissen-schaft Physik ausmacht, besteht ausschließlich aus Funktionismen, die nur verbal sinnhaft darstellbar sind. Richard Feynman verglich die Natur mit einem Schachspiel. Die nicht lokalisier- und meßbaren Regeln des Schachspiels stellen die Funktionssoftware der Natur dar. Einzelne Züge und sich daraus ergebende Konstellationen der Spielfiguren entsprechen der lokalisier- und meßbaren Hardware der Natur, ihren Erscheinungen, ihrer Symptome. Die Hardware der Natur ist berechenbar, die Software, also die Physik, nicht.

Hoffen wir nun, daß Physik endlich wieder zu dem wird, was der Begriff Naturlehre definiert: das Verstehen der Funktionismen der Natur. Das gelingt jedoch nur unter dem Motto:

Denken, nicht Rechnen!

174

Literatur

Das Buch entstand aus völlig neuem Denken. Richard
Feynman's Buch `Vom Wesen physikalischer Gesetze´,
Piper, Mai 2003 war Initiator dafür. Es enthält, obwohl
ebenfalls nach mathematischem Paradigma gestrickt, mehrere zukunftsweisende Gedanken. Grundsätzlich ist im Sinn
von Karl Popper über Literaturnachweise in der Physik zu
sagen:

** Die Zukunft der Physik
liegt nicht in ihrer Vergangenheit! **

Im Gegenteil: alles Bestehende ist permanent immer wieder
neu u hinterfragen bis keine Fragen mehr möglich sind.
Sollte hier neu Erdachtes mit irgendwelchen schon bestehenden Thesen oder Theorien übereinstimmen, ist es
Zufall. Der Autor erkennt natürlich Prioritäten für nachweislich zuvor Dokumentiertes an.

Weiter Publikationen des Autors:

Was ist wahr beim Fliegen? ISBN 09 783 738 631 067
Pysikirrungen ISBN 987-3-738-64447

www.flugtheorie.de
www.kosmosphysik.de
www.physicsfuture.org